U0334831

自然修复

为什么自然使人更快乐、更健康、更有趣

[美] 弗洛伦丝·威廉姆斯
Florence Williams 著

The Nature Fix

李治 译

民主与建设出版社
·北京·

Why Nature Makes Us Happier, Healthier, and More Creative

谨以此书，献给我的父亲约翰·斯凯尔顿·威廉姆斯（John Skelton Williams）

谢谢您给了我大自然的初体验，您总是能让大自然变得更加神奇。

目 录

前　言

亲切的空气¹

愿你前方之路孤险曲折，
定有海阔天空给你接风。²

——爱德华·艾比（Edward Abbey）

我在美国拱门国家公园（Arches National Park）徒步时，手
机里的App——Mappiness突然来了一条提醒。有些人可能会
对手机的响铃感到厌倦，但是我当时没有。因为我终于来到了
美丽的野外，终于可以告诉这款App我有多么开心、多么放松
和多么思维敏捷了！只不过，我表达情感的方式是点击屏幕罢
了——我对着面前橙红色的光滑峭壁，自豪地拍了一张照片。
照片中，一条裂痕将一小片地衣从中间分割开，法国蓝的天空
点缀着几片纯白的云彩——让设计这款应用的"老大哥"看看
这野外的风景吧！在这几个月我与Mappiness的234次互动中，

收到提醒次数最多的偏偏是在室内和工作时。这貌似对软件的改进和我自己都没有什么好处吧。（而且还很不公平，毕竟我出门的频率可是很高的。）Mappiness这款应用的开发，源于多年的大数据分析，它会从成千上万名志愿者那里收集他们的情绪和活动信息，每个信息源在一天的时间内被随机采集两次，然后程序再把这些信息与确切的GPS位置联系起来。软件还会从该位置上获取天气、日照量和其他环境变量。目的十分简单，就是弄明白：什么使人开心？地点重要，还是不重要？

"老大哥"，或者"大科学家"，其实名叫乔治·麦克伦[3]（George MacKerron）。他是萨塞克斯大学（University of Sussex）一名年轻又很有亲和力的经济学家。据他描述，世界上大多数关于幸福的数据都与人际关系、活动项目和经济行为有关，且大部分都很相似：人们最快乐的时候往往都是在社会中与人相处特别自在的时候，这时人最基本的生存需要得到满足，头脑活跃，且通常都做着比自我更宏大的事情。但是，麦克伦还心存些许好奇，对于那些已经满足了这些条件的人（或者那些没有满足的人），是否有其他因素能让他们的生活发生更大的改变？

为了找到答案，麦克伦在2010年开启了Mappiness计划，一年之内就积累了两万用户和超过100万个数据点（我在几年后加入时，这一数字已经上升至300万了）。这些数据得出的结论是：人们在工作时或病倒在床时最不幸福，而与朋友或爱人在一起时最幸福。此外，一般还能够从天气判断心情（由于大部分用户都在英国居住，因此这点不足为奇）。但是这些数据最大的变量，不是人们与谁在一起或者在做什么（至少对于这款应用的苹果手机用户来说是这样，因为他们一般更年轻、有工作，而且受教育程度较高）。出人意料的是，最大的变量是用户的位置。麦克伦在一篇论文的结论中说："一般而言，相比于身处城市环境的研究对象，处在完全绿色环境或自然栖息地等环境中的参与者会更加快乐。"（数据剔除了度假对研究结果的影响，因为麦克伦已将其考虑在内了。）

研究参与者在城市环境和自然环境（尤其是海边风景）中的幸福水平差异，要比独自相处和与朋友在一起时的差异大，而与做喜欢的事（比如唱歌或运动）和做其他事的差异类似。然而，值得注意的是，参与者（比如我）93%的时间都被发现在室内或汽车里度过，在外界环境中的时间其实少得可怜。况且，这款应用程序对于"户外"的定义也可以包括站在十字路口或者出门拿快递的情景。我个人的数据其实特别不好看，我被它捕捉到的在外锻炼或放松的时间段只有17个，或者说只有一年全部活动记录的7%。我最多的信息点都是在工作，接下来依次是照顾孩子、乘坐交通工具、做家务和饮食（好吧，至少这个是很有趣的），甚至还有两次走神。

Mappiness揭示了我们远离户外的普遍现象，不仅对现代社会的体系和习惯发出了控诉，还对人类的自我认识敲响了警钟。正如美国作家安妮·迪拉德（Annie Dillard）曾经说过的，我们每天打发日子的方式就是度过一生的方式。那为什么我们不去做一些让自己幸福的事情呢？难道我们是被禁锢在生活的基本需要中，离绿色太远而又深受室内活动的吸引吗？尤其是受到那些要插电的设备的吸引。加拿大安大略省特伦特大学（Trent University）的心理学家伊丽莎白·尼斯比特（Elizabeth Nisbet）在一系列令人深受启发的研究中，曾选取150名学生，让他们中的一些沿着运河散步，另一些顺着畅通无阻的地下通道到达校园的下一栋楼[4]。在他们离开之前，尼斯比特询问他们对于散步过后快乐程度的预测，接着他们完成了关于快乐状况的调查。学生们通常都高估了地下通道对快乐程度的影响，而低估了外界环境带给他们的舒适度。社会科学家将这些错误的预测称为"预测误差"。而不幸的是，这在人们决定如何度过时间时起着非常重要的作用。尼斯比特灰心地给出结论："人们因为长期脱离自然，会低估其对于提升快乐程度的有益作用，从而逃避身边的户外环境。"

因此，我们每天都在做想做的却也会给自己带来烦恼的事，比方说每周看1500次手机[5]（这个数字毫不夸张，因为研究指出，苹果手机用户看手机的时间平均一天要比安卓手机用户多26分钟[6]，所以可能和用安卓手机的人结婚是个好主意），却从来不做那些真正会带来乐趣的事。的确，我们很忙，我们有各种各样的责任。但是这一切的背后，因为城市化，因为数字化，几代人都在经历大范围的记忆缺失。就英美两国来说，现在的孩子待在室外的时间，比起父母一辈已经少了一半[7]，而每天盯在电子屏幕上的时间多达7个小时，这还不包括在学校的时间。

　　我们身处自然环境的时间不够，因此我们很难明白大自然会让我们精力充沛。我们也不知道，科学研究发现大自然还能让我们更健康，更有创造力，更能和他人产生共情，更加适应环境和人际关系相处。我们发现，自然，对人类文明非常有益。

　　此书探索了千百年来诗人和哲学家早就知道的知识背后的科学道理：地点非常重要。亚里士多德相信，在通风的地方散步可以使头脑清醒；达尔文、特斯拉和爱因斯坦都会在花园和树林间走动来思考问题；西奥多·罗斯福（Theodore Roosevelt）——美国史上最有效率的总统之一，也会在工作之余去田野放松好几个月。在一定程度上，他们都一直拒绝变成徒步者、哲学家约翰·缪尔①（John Muir）1901年所说的"疲惫、精神紧张、过于文明的人"[8]。沃尔特·惠特曼（Walt Whitman）曾经警告人们：若没有自然环境，城市中"邪恶的小满足"[9]是不足以支撑我们的。公园设计师、公共健康倡导人弗雷德里克·劳·奥姆斯特德（Frederick Law Olmsted）就明白这个道理，他改变了我家乡和其他众多城市的景观。

　　建立在自然观念之上的浪漫主义运动，是灵魂和想象的救赎。当工业化迈开脚步要在欧洲扼杀精神的光芒时，诗人撰写的颂歌达到了顶峰。威廉·华兹华斯（William Wordsworth）在《丁登寺旁》[10]（Tintern Abbey）中写道——"来自大洋和清新的空气，来自蓝天和人的心灵"②；贝多芬在后院中望着椴树，

---

①　约翰·缪尔（1838—1914）：美国早期环保运动的领袖。——译者注
②　引自《英国诗选》，王佐良主编。

谱写乐章——"林子、树木、岩石都可给到一个人所需要的共鸣"[11]。这二位都达到了个体内外世界的融合，为21世纪神经系统科学研究探索做出了预示——人脑细胞是环境感知的原因。现代科学研究指出，人类神经系统的建立使我们能够和自然界的很多特征产生共鸣。科学研究的进展正在不断证明着浪漫主义诗人的思想。

我成长在人口密集、高楼林立的环境里，居住在一幢战前建造的公寓中。因此，我特别向往纽约中央公园那郁郁葱葱又富有吸引力的景观。从中学开始，我就几乎每天都去那里，有时骑着一辆生锈的松下牌自行车，有时走路，有时滑旱冰，带着随身听沐浴阳光。我们是生物，就像其他生物一样，寻找着那片让我们满足的地方。如果有机会，孩子们会在树上的房屋里躲藏，建造堡垒，希望获得安全的空间，但也不想离玩耍的场地太远。成年人努力工作，试图按照自己的想法建造房屋、布置后院，在经济条件允许的情况下，我们会为住房花费大笔开销，将住所安置在海边、有高尔夫球场的郊区，或者安静、树木成行的街道。我们都希望自己的第一幢城堡能符合"瞭望-庇护"理论①[12]，让我们既能看得高、望得远，又能得到保护。研究者们告诉我们，这种对生活环境的喜好是共同的，不受文

———

① 著名英国地理学家阿普尔顿（Appleton）的瞭望-庇护理论（Prospect and Refuge Theory）认为，人和动物具有类似的从环境中感受愉悦的本能。人类最初选择生存的环境，是为了便于瞭望与庇护的，也就是为了便于躲藏和获得安全感，而这种对环境的愉悦感是从景观特征的自发性感知出发的。

化、地域的限制。

　　然而直到最近，心理学家和神经科学家才开始重视自然和大脑的关系。"实际上，自然对大脑的影响这个研究课题才刚刚开始，这令人震惊。"理查德·洛夫（Richard Louv）告诉我说。他是2008年的畅销书《林间最后的小孩 —— 拯救自然缺失症儿童》（*Last Child in the Woods: Saving Our Children from Nature-deficit Disorder*）的作者。洛夫谈道："30到50年前就应该开始研究了。"那为什么现在才开始呢？可能是因为我们与自然的联系日渐稀缺，形势比以往更加严峻了。由于人口统计学和技术的结合，我们知道，现在这一代人与自然的距离比以往任何一代都要远。与此同时，我们还不断忍受着日益严重的慢性病折磨。而待在室内越久，折磨就越痛苦，比如近视、缺乏维生素D、肥胖、抑郁、孤独和焦虑。

　　东亚可能是室内综合征最严重的地区了，在一些地区，青少年的近视率超过了90%。从前，科学家们常常将近视归咎于读书，但似乎近视的成因与裸鼹鼠一样不见天日的生活方式密切相关。阳光可以刺激视网膜上多巴胺的分泌，这种神经递质反过来阻碍了眼球发育过程中的伸长。我们现在知道了，大自然会对人的视网膜细胞有利，那么大脑呢？

　　从互联网诞生以来，我们获益匪浅。但是很多专家也在论述，于此期间，我们渐渐变得更加易怒，不爱社交，更加自恋[13]，更容易分心，认知层面也越发迟缓不敏捷。虽然我们不能将所有缺点都归咎于远离自然，但是我们的抱怨揭示了一些心理韧性降低的问题。有时候我们真的可以少一些敏感，变得更加富有同情心、更为专注且脚踏实地。这些的确是大自然能够帮助我们的，本书提到的很多研究者都可以对此进行证实。

让我去思考自然与大脑关系的，既不是手机应用，也不是约翰·缪尔。对我来说，对这层关系的探索来源于我的丈夫，由于他的工作原因，我们要从一个闲适的田园式小山城搬到美国华盛顿特区的繁荣城市。从科罗拉多州博尔德（Boulder）搬走的那个夏夜，天空晴朗，温度适宜。我们站在路边，略微沮丧地看着我们收拾的那么多箱子和家具家电都被送上了阿特拉斯搬家公司（Atlas Van Lines）的卡车。最后装车的是我们的皮划艇，尽管它在河水中遭受了多年岩石的摩擦，颜色依旧和糖豆一样，非常鲜艳，然而没想到它最后的命运却是落在大城市的混凝土停车场中。

我们隔壁的邻居出来了。孩子们拥抱在一起，很快，我们这条小街上的小孩们踩着脚踏板带着狗过来了。我的孩子一个10岁，一个8岁，是孩子们当中年长的，会带着这一帮小伙伴玩，用塑料做的奖杯作为奖励，在灌溉渠里赛船，观察浣熊，爬树，彩绘岩石，在灌木丛中捣乱嬉闹。有些时候孩子们放了学就在外面做游戏，直到家长叫他们回去吃晚饭，具体也不知道他们玩了什么。

天空是桃色的，夏日的火烧云是科罗拉多最美的风景。我确信，在卡车货门关闭的那一刹那，我哭了出来。然后邻居们也开始落泪，我和丈夫就像傻子一样对着鼠尾草吸鼻子。

　　我在美国西部住了20年，有很多对离开感到遗憾的原因。其中最重要的，就是我的朋友和同事们、孩子们的学校和小伙伴们、木房子和山。我们房子旁边的山路满载着愉快的回忆，充满了惊喜，有穿过的小蝎子跟我们告别，有经常变化的野花向我们招手，有我和远足的朋友们在躲开铁人三项比赛运动员后的叽叽喳喳。

　　即便如此，我还是像很多人一样，从来都是在失去后才知道珍惜。在装着我们所有东西的卡车走远的那天夜里，我没有意识到那片山脉已经成了我的兴奋剂。几乎每天，我都在山中，在山上，或者望着山，常常都是一个人。和博尔德的很多人不一样，我既不是探险者，也不是健身狂，所以我以前散步时并没有物质或精神上的目的。作为一个土生土长的都市人，我并不轻易用兴奋剂这样的字眼。我从来没有用过心脏监视器，没有一身短跑装备，也没有下载奥运会教练的歌单。我想出去的时候，就直接出去，经常是散步。如果没法出去，我会比较不安。我在前行的时候，会想一些自己正在考虑的问题，走得越多，心情越好。有时走着，还能偶然想出几个有文采的句子，或者不由自主地产生一些深刻的想法。

　　我并非一定要成为山里的精灵。城市中也有许多我喜欢的事物，比如既便宜又分量十足的塔可饼，或者是戴着好看眼镜的聪明人。只是我注意到很多关于我个人情绪、创造力、想象力和效率的影响因素在不同环境下有不同的表现，这使得我开始思考了。

搬家公司的卡车离世外桃源远去，向首都进发，我们不情愿地跟随着。抵达时，温度是104华氏度①，我的头发乱成了肥皂包装纸。可以肯定的是，这里不是东部海岸，这是披上了西服的马瑙斯②。一大早，我就出去寻找附近的公园，结果发现到那里必须要跑步穿过一条高速公路和桥柱旁的草木丛，而到达后，我只看到"猫咪软糖"的涂鸦。我们的住处离一条河流很近，但同时旁边有一座机场，飞机每分钟都要低空咆哮掠过头顶，噪声特别大。还有雾霾、灰蒙蒙的天，以及燥热。（公平地讲，无论是这里的自然还是人文环境都能把你毁掉：外来入侵的虎蚊和我的大拇指指甲盖一般大，鹿蜱的若虫比雀斑还小。而这两者都会给你带来一生的神经性疾病。华盛顿特区常见的天气现象是我从来没有听过或想过的：下击暴流、极地涡旋、四级飓风、高温。）

我渴求山中的环境，而渴求是令人悲痛的事情，因为失败是其本质。几个月的时间慢慢消逝，我明白了，我如果要探索自然可以给予大脑的东西，就必须认识到缺失自然时大脑会有什么损失。我发觉方向错了，有些不知所措，内心压抑。我难以集中注意力，思绪停不下来，没法做出决定，赖床不起。我可能是，至少某种程度上，患上了洛夫所说的自然缺失综合征（Nature deficit disorder）。[《精神疾病诊断与统计手册》（DSM）还没有正式收录这种疾患。]洛夫将这种疾病定义为，人们（尤

① 40摄氏度。

② 巴西亚马孙河州首府，植被丰富，被称为"亚马孙河心脏""森林之城"。

其是儿童）若在外部自然环境下的时间很少，就会产生身体和精神的不适，比如焦虑和分心。他还新造了一个好记的词"自然神经"（nature neurons），来突出人类神经系统与其所处的自然环境之间的重要联系。这种联系到底是如何断裂的？"自然缺失综合征"的说法背后是否有科学理论支撑？若有，需要多少"自然"才能治愈我们？我们是否需要像美国儿童文学作家珍·克雷赫德·乔治（Jean Craighead George）书中写的那样住在铁杉树中呢？还是说从窗户里向外张望也可以呢？

如果我要做的不仅是像地球上大多数人一样在新城市生存下去，我就要思考一些问题。人们需要哪种环境？为了成为最好的自己，我们如何更好地利用大自然？为了解决这些疑问，我试图在神经研究层面考虑人类与自然的关系。在我们搬入新家数周之后，我带着这个使命去了日本，去描写一个鲜为人知而又有点尴尬的习俗——森林浴（Shinrin yoku）。在那儿，我开始了解我在家乡能有那种体验背后的科学论据。日本的研究者们不想看到大自然仅存在于俳句里，还想测量它的效应，记录下来，做出图标，并将研究成果交给决策制定者和医疗卫生界。然而，日本人不知道的是，为什么大自然会帮助我们排解诸多让人痛苦的事情，对什么人的效果最佳，自然和大脑、身体之间存在怎样的机制，处于大自然中的时长多少为最佳，以及到底什么才能被称为"自然"。个人而言，我特别喜欢奥斯卡·王尔德（Oscar Wilde）的广义定义——"鸟四处飞的地方"。

全世界有很多科学家都在寻找着答案。在探索这些问题的过程中，我亲临了美国爱达荷州的溪流，同退役女兵泛舟；造访了韩国，那里成年的消防员在树林里拉着手；进入了声波实验室，测量应力恢复度；体验了3D虚拟现实房的跑步机；游览了英国苏格兰爱丁堡的市中心，头上戴着脑电图机散步，就像戴着后现代的荆棘王冠一样。我会测量肺部的黑碳颗粒数值、血压、皮质醇和面部的反应，还见到了一些研究者，他们深信大自然的力量存在于分形几何的模型中，或是其特别的声波振动中，或者存在于从树中分散的气溶胶中。这趟旅途简直让我大开眼界。

科学家们会通过测量人们的情绪、幸福感、思考能力（比如记忆、计划、执行、创造、想象以及注意力集中的能力）和社交能力来量化自然的作用。对此我有时候很怀疑，有时候又很信服。我花一些时间和那些想要康复的人在一起，和想要变聪明的人、寻求最好的教育子女方式的人在一起（这些孩子都爱探索、活跃、充满好奇心，所有素质都随着时间的流逝而加强），也同那些和我一样，试图在这疯狂的世界中保持自我的人在一起。这本书的背后是我为时两年的研究，通过研究，我开始成为更好的自己，越来越意识到在我的感受背后令人意外的科学道理。虽然"幸福"听上去非常空泛，但它是真实存在的。研究结果显示，增加幸福感可以延长寿命。

为了让本书更有条理、更加有用，我将其分为五个章节。先向读者介绍了两个重要的理论，尝试揭示为什么我们的大脑需要自然，并跟踪了许多研究。第一章将我们带到日本，研究者们使用亲生命效应作为理论框架，通过量化自然在减少压力和改善精神状况方面的作用，得出我们处于大自然时有"家"的感觉的结论。第二章将我们带回犹他州。令美国的神经科学家更感兴趣的是：自然如何能够帮助人类大脑从注意力不集中的状态恢复更为敏锐的认知。第三章则讲了关于时间量的问题，我探索了短暂身处自然的直接效果，或我们主要的嗅觉、听觉、视觉三种感官对"附近自然"的感受。随后我观察了当人们继续逗留在自然界中，直到接近芬兰学者给出的建议最佳时间量——每个月五小时，此时大脑和身体的变化。在第四章，我更加深入地、时间更长地潜入大自然中，这时大脑当中也发生了一些很意外的反应。犹他大学（The University of Utah）神经科学家大卫·斯特雷耶（David Strayer）在此时说："意义深远的事情发生了。"第五章，我们关注的是大部分人生活的环境、城市。

整个过程中，会有一些对于构建更好的个人和社会生活方式的启发，能让人人都受益。别担心，我不是叫你们把手机扔到瀑布里。我们生活的世界已经俨然成了电子化的时空，但是重要的问题在于要认识到从室内到室外的极大转变，以及该转变对我们神经系统的影响，这样才能期待去缓解和掌控这种变化。

我搬到城市居住只是世界性人口和地理变化的缩影。智人在2008年左右正式成了城市化的物种。同年，世界卫生组织（World Health Organization）发布报告，全世界城市居住人口第一次超过乡村居住人口。去年，美国城市发展的速度比郊区快，这是百年来的首次。换一个角度来看，我们正处于现代最大规模的迁徙中。人类将活动转移至城市的过程中，用于满足我们心理需求的规划、资源和基础设施却少得惊人。

2013年春，土耳其伊斯坦布尔民众举行集会，抗议拆除市区最后的公园之一塔克西姆广场附近的格济公园（Taksim Gezi）[14]，随后演变成警方和示威者的冲突，造成8人死亡，几千名群众受伤。该地区有超过200万棵树被砍伐，以便修建新的机场和横跨博斯普鲁斯海峡的大桥。取代公园的是新的购物中心和豪华公寓。推土机进入公园，推平了城市中的森林，这时民众挡住了路，称如果要砍这最后的树，除非从他们的尸体上碾轧过去。"除非他们把公园让给我们，否则我们是不会离开的。"一名24岁的民众说。（在截稿之前，公园里的树还没有被砍掉，但其命运仍不确定。）

格济公园成为大自然对城市生活具有重要性的标志，也成为民主的标志，弗雷德里克·劳·奥姆斯特德一直都很明白。"广阔的自由感是所有人在任何时间都可以共享的，这是公园所能给予的最确切和最有价值的满足。"[15]他这样写道。

然而我们还是把自然视作奢侈品，而不是必需品。其实我们没有认识到它究竟可以帮助我们多少，无论在个人还是政治层面。这就是我们这本书最终的愿景——找到我们被自然启动的神经元背后的科学道理，并将其分享给大众。没有这一层认知，我们可能永远都不会真正接受人类大脑与自然世界的深层次联系。

在我把那张峭壁和地衣的照片发到 Mappiness 上后不久，我看到壮观的格林河与科罗拉多河交汇。当临此景，我格外开心，因为认识的两个好友在大学期间用车轮内胎和木板做了一只小筏，用旧衣服打结，将它推下了格林河，直接乘舟来到了两河的交汇点。他们当时带了几罐花生黄油和几个水瓶。这一段的水流很平缓，他们玩得格外开心。他们本来打算出游三周，但是仅仅几个小时以后，就被护林员叫上了岸。所幸，当时还没有日后那些许可证、火盆和简易厕所之类的琐碎要求。但是这两个赤膊的男孩子少带了一件救生衣。他们真的倒了大霉，被这位护林员带到了县里的法官面前，罚了款，责令他们购买了一件救生衣，然后把他们送回了河里（比关进监狱好多了）。这两个人就是我姐妹的丈夫。在我庞大的家庭中，这件事情是叔叔们总会说起的糗事。但是很多年前，这样的故事听起来好像还很真实。两个大学生相伴在野外，享受着他们生命中最美好的时光，可以过几周远离人烟的生活，还不用去见法官。这二人到现在都几乎没有长白头发。这就是上一代人的情况。

现在孩子们和我们的生活中已经大幅减少了对自然的探索。这变化实在是太快了，我们都没有注意到，也很少有痕迹留下。"我们是在自然中进化的，与自然脱节非常奇怪。"尼斯比特说。我们绝大多数人都对我们缺少的事物毫无察觉。我们可能会养宠物，可能偶尔会去海滩，有什么大不了的？那么，到底有什么大不了的？这就是我想探寻的东西。如果我们的确缺失了很重要的事物，我们如何才能重新获得它？

　　作为频繁报道环境的记者，我经常要写一些不良环境对人类健康的影响，从阻燃剂进入人体组织，写到空气污染对大脑发展的阻碍作用。思考我们周围的环境如何帮助我们预防身体疾病和心理疾病，是一个愉快且深受启发的过程，还将我们与世界卫生组织对健康的定义拉近了距离："身体上、心理上和社会上的完美状态，不仅是没有疾病和虚弱的现象。"苏格兰前卫生大臣在20世纪中期社会学家阿龙·安东诺维斯基（Aaron Antonovsky）的启发下，曾将获得这种健康的过程称为"健康本源学"（salutogenesis）。安东诺维斯基曾经发问：如果这个世界充满疯狂，究竟还有什么驱使我们前进？

　　我用发胶抹平了我的城市头发，吞下几片维生素D。我认为我在寻找的答案是有意义的。

第一章

寻找自然的神经元

亲生命效应

总而言之，人类大脑是在自然环境下进化而来的。[16]

——爱德华·O. 威尔逊（Edward O. Wilson）

所见之处，无不是花。所思之处，无不是月。[17]

——松尾芭蕉（Basho）

　　每当想象日本森林浴是什么样子，我总能想到睡美人安睡的原始森林，伴着鸟儿的欢声歌唱，还有一道道耀眼的阳光。你知道她肯定在好好享受，一定会苏醒过来，准备和英俊潇洒的王子在一起。然而，我这样的想法存在很多方面的谬误。首先，日本现存原始森林不多；其次，你必须努力地去感受，即便沉睡的时光不难找到。在距东京 90 分钟火车车程的秩父多摩甲斐国立公园（Chichibu-Tama-Kai National Park），我本来应把心思放在蝉鸣和溪流声上，但随即就被呼啸而过的三菱客车转移了注意力。越来越多的野营者坐上这种车来到附近的山村，那里的孩子们拿着鱼竿和粉色枕头到处跑着。这就是自然，日本式的自然。

和我同行的其他十几个人似乎并没分心。日本人十分热爱森林浴，因为当地人把这看作预防疾病的常规活动。通过训练感官，森林浴能让人们充分地体验自然。它并非关乎野外本身，而是一种自然环境和人类文明和谐共处的方式，这种哲学在日本已经发展数千年了。你可以在这里漫步，写写俳句，折下一段山胡椒树枝，闻闻它散发的森林的活泼气息。森林浴的整个概念其实都围绕着人与自然古老的联系，我们只需要用几个感官技巧就可以发现。

"人们从市里走出来，真正沉浸在绿色当中，"我们的导游国生给我这样解释，"这样就能放松身心。"国生为了帮助我们，志愿来到这里，他让我们站在山坡上，面朝溪流，手臂放在两侧。我扭头看了一周，我们好像是被大地母亲的光芒固定在这里的凡夫俗子。风惬意地吹着，国生让我们吸气七秒，憋气五秒，然后呼气。"注意气沉丹田。"他说。

我们太需要这些了。我们大多数人都是办公桌后的工作狂。我们看起来就像软绵绵、去了皮的豆子，精神疲惫、脸色苍白。我旁边站着的是伊藤龙谷，一位来自东京的45岁生意人。同很多热爱白天徒步的日本人一样，他带了很多装备，大部分都在腰上别着：一部手机、一部相机、一个水瓶和一串钥匙。日本人如果参加美国的童子军，一定会非常出色，这大概也是他们文职工作做得很好，而且比其他发达国家工作时间长的原因。这同样解释了为什么日本有一个词叫作过劳死——因过度劳累而死亡。这种现象是在20世纪80年代被定义的，当时的日本处于泡沫经济中，正值壮年的劳动者开始猝死。人类文明也是会杀死人的——这个概念在未来对所有发达国家产生了影响。伊藤龙谷和我在森林中深呼吸后，打开了我们盛满八爪鱼和腌萝卜的便当盒。国生当时边走边不断向人们展示着特别细的竹节虫，而伊藤的肩膀好像放松了下来。

"我不在这里的时候，根本不会思考事情。"他说，并熟练地用勺子舀着萝卜，而我正在向地上撒着待森林分解的肥料。

"'压力'用日语怎么说？"我问道。

"'压力'（atsuryoku）。"他回答说。

秩父多摩甲斐国立公园是日本最大的巨木聚集地[18]，所以这里是日本实践生命科学最新研究成果的理想地点。在一片傲然挺立的日本雪松林中，国生从他巨大的包里拿出了保温瓶，为我们泡上了山茶，有种芥末根加树皮的味道。1982年，日本政府确认了森林浴的定义，但它吸收了古代神道教和佛教的观点，意为让自然通过五官融入自己的身体。所以，喝茶走的是味觉。我起身跨过了一个长满苔藓的漂亮大石头，一声鸭鸣掠过，这也许和约翰·缪尔所赞赏的遥远崎岖的自然环境不一样，但也不需要一样。我现在身心尤其平和，如果做个体检也一定会发现，徒步后我的血压降低了好几个点，伊藤的血压一定降得更多。

我们知道体检的必然结果，因为我们参加的是日本农林水产省为森林浴指定的 48 项"森林疗养"试验之一。日本的森林覆盖率为 68%[19]，为了在不破坏的情况下利用森林，并让日本人民享受福祉，日本农林水产省从 2003 年开始就投入了 400 万美元开展森林浴研究。该研究的目标是在 10 年中指定 100 个森林疗养试验基地[20]，会定时请游客们来到小木屋中测血压，为研究项目提供更多数据。在日本，除了有政府资助的森林研究和十多项特殊试验外，一些医师也取得了森林医学的资格证。这真的罕见。

"日本的做法在我看来意义重大，可与罗塞达石碑①（Rosetta stone）相比。"艾伦·洛根（Alan Logan）告诉我。他是哈佛大学讲师、自然疗法者、国际自然与森林医学学会（International Society of Nature and Forest Medicine，位于日本）会员，他说："我们必须通过逆境生理学科学地证实这些思想，否则我们仍然在瓦尔登湖（Walden Pond）阶段。"

日本人有充分的理由研究如何放松：他们工作日工作时间很长，压力巨大，学习和工作环境中面临种种竞争。这些让日本成为世界上自杀率第三高的国家（韩国和匈牙利排在日本之前）[21]。日本居民有五分之一住在首都圈中，870 万人每天都要乘坐地铁上下班。日本地铁的高峰期极其拥挤，甚至有戴着白手套的工作人员将人们推上地铁，这在日本有个说法，叫作通勤地狱[22]。

---

① 罗塞达石碑：于 1799 年发现于罗塞达，上刻古埃及象形文字、埃及草书和古希腊文，从而成为解读埃及文字的钥匙。

城市生活当然不是日本独有的。现在，我也开始思考自己脱离自然的趋势。我将太多时间都花费在了室内，有好多个社交平台的账号，这让我很难集中注意力进行思考和反思。自从搬到了华盛顿特区，我就对交通堵塞深恶痛绝，我实在很累的时候会把车停在路边，在麦克阿瑟将军大道打个盹儿。从"森林"搬出来后，我的生活方式就似乎完全错了，忘记了或者再也没办法听到鸟叫声，再也看不到斑驳的光线。相反，我总是抱怨生活，被命运缠绕，总是要思考我的人际关系，为孩子们做新规划，这得有军人的精准和数学家的头脑才能高效完成。

搬到新家几个月后，我对我的新医生说，我感到非常抑郁。和所有全科医生一样，她给我开了左洛复（Zoloft）的处方。美国有四分之一的中年妇女在使用或用过抗抑郁的药物。就连儿童也有十四分之一的比例在使用控制情绪或行为的药物，这个数字是1994年的5倍。对我而言，这些给轻度抑郁患者开的药似乎并没有效果，而且我尤其讨厌抗抑郁药物普遍的副作用，包括头痛、失眠，甚至性欲减退，让人难以忍受。

接着，我试了试减压人群的最爱——冥想。其中的科学道理很有说服力，据说会改变大脑，让你更聪明、更友善，不至于被生活困扰。但问题在于，和抗抑郁药物一样，冥想对很多人都没有效果。根据宾夕法尼亚州立大学（The Pennsylvania State University）生物行为心理学家乔舒亚·史密斯（Joshua Smyth）的研究，在两个月的标准课程之后，最初抱有希望的参与者只有30%能坚持下来。所以说，冥想的门槛还是很高的。

但是，对电子屏幕上瘾的人，几乎都能轻易找到有几棵树的地方待一会儿。要给人们展示清楚森林疗养的功效，宫崎良文是最佳人选。他是东京地区日本千叶大学健康、环境和田野科学中心（Center for Environment, Health and Field Sciences）的生物人类学家。他相信，因为人们是在自然环境下进化的，所以我们在大自然中是最舒服的，即便我们对此并不是一直都有意识。

在这方面，他十分推崇备受尊敬的哈佛大学昆虫学家爱德华·威尔逊推广的理论——亲生命假说。环境心理学家在讲减压理论（Stress-Reduction Theory, SRT）或者心理发展恢复理论（Psycho-Evolutionary Restoration Theory）时，多多少少会涉及亲生命效应。其实，威尔逊并没有创造出"亲生命"（biophilia）这个词，这项殊荣应归社会心理学家埃里克·弗罗姆（Erich Fromm）所有。他在1973年将"亲生命性"描述为："对生命以及活生生的东西的爱；无论是个人、植物、思想还是一个社会团体，其希望继续成长的愿望。"[23]

威尔逊将其观点提炼为居于自然[24]，认为"人类天生与其他生物有着亲密的情感连接"是一种进化适应，不仅帮助人们更好地生存，而且增加了人类的满足感。虽然人们并没有在基因层面找到亲生命性对应的依据，但是一些对生物恐惧症的研究让人们意识到，至今，我们的大脑对自然的刺激反应依然与生俱来、非常强大。举个很好的例子，"有蛇！"，我们大脑的视觉皮质会很快捕捉到蛇的形状和移动方式。而且，据加州大学（University of California）人类学家琳内·伊斯贝尔（Lynne Isbell）说，人类高度敏感的深度知觉很有可能是因蛇而进化的。她发现，大脑的丘脑枕区存在特殊神经细胞，由此构建的视觉系统是人类、猿类和猴类独有的。灵长类动物中，在毒蛇云集的环境中进化的物种要比不在这种环境中进化的物种有更好的视力。

然而，生存并不只是远离危害，还包含寻找最佳食物、最佳藏身之地以及其他各种资源。某些特别的栖息地会诱发神经系统分泌快乐激素，我们的大脑会很容易获得"学习"的能力，就像我们学会害怕蛇和蜘蛛一样。除此之外，我们的祖先还必须学会如何从更新世（距今180万年前至1万年前）的压力中恢复。在被狮子穷追不舍之后，或者说在不小心把一块很好的芋头掉落悬崖后，他们必须学会忘记，这样才能够重返族群，这是生存必不可少的。亲生命假说指出，自然的平静或滋养因素帮助我们重新获得镇静、清晰的认知、同理心和希望。在没有爱、笑声和音乐的时候，人们还能看到落日。那些最能适应大自然的暗示的人，正是那些幸存下来并将这些特征传递下去的人。亲生命理论解释了为什么我们现在仍然会选择在湖边搭建小屋，为什么孩子们都想要个泰迪熊玩偶，以及为什么苹果公司用水果命名，而且其软件的名字还都是来自自然界高贵的捕食者、冲浪地点或者国家公园。苹果公司很擅长向用户慢慢灌输亲生命的渴望和联系，但与此同时又吸引我们留在室内。

所以要说大脑和自然之间存在联系，应该不会让人意外。

但是我们很少意识到，使我们神经系统得以进化的环境与现在生活环境的差距越来越大。我们为大脑的适应能力而自豪，但这种能力遇到了瓶颈。宫崎良文解释说："我们进化期间，99.9%的时间都是在自然当中。我们的生理机能仍然适应着自然。在日常生活中，如果我们的身体节律和环境同步，我们将会获得舒适感。"[25] 当然了，他谈论的只是自然好的那一部分，是日本山地的自然环境，不包括世界上其他地区，比如臭水沟和贫瘠的土地，这也是自然的一部分。在这些地方办公的人们，恐怕毫无放松可言。宫崎良文指出，自然的室外环境是少数人可以五官并用的地方，因此，严格来讲，我们在这样的环境中身体才完全被唤醒。用缪尔的话讲，在这里，我们由自然哺育的大脑才算是回"家"了，虽然我们有时并不知情。对比一下，约翰·缪尔是这样描写不在野外的时光的："我退化成只会赚钱的机器了。"而且这台机器还是由堵塞的管子做成的。

为了证明我们的生理机能对不同的栖息地有不同的反应，宫崎良文从2004年开始，已经进行了成百上千个课题研究。他和千叶大学的同事李珠永发现，在森林休闲散步的人，皮质醇水平要比在城市散步的人低12%，而且，交感神经活动低7%，血压低1.4%，心率低6%。心理调查问卷的结果同样显示，在森林中散步后人们的心情更好，焦虑情况改善更多。

宫崎良文在2011年的一篇论文中总结："这显示出森林浴疗法可以缓解压力。"日本国民对此坚信不疑，将近四分之一的人口都有过与森林浴相关的活动。数十万的游客每年也都在进行着森林疗养。

◇◇◇

我和宫崎良文在日本北部白神山地十二湖国家公园（Juniko State Park）最新拟建的疗养地见过一面，他当时正在自己的脸上和修剪整齐的白发上拍打着蚊子，看起来并不是特别放松。因为那些天一直下着雨，他担心路上可能太过于泥泞，导致自己的徒步实验无法按期实施。他踢开路上的石头，查看着旁边用网布遮盖着的迷你实验室。第二天一大早，12 名男大学生就会来到宫崎良文和李珠永的实验地点，在徒步、静坐和森林浴过后被测量一些生命体征。第二天在弘前市中心还会重复一次实验，那是一座 10 万人口的城市，到那里需要两个小时的车程。

道路还算可以行走，我们几个去到弘前一家安静的饭馆，脱去鞋子，在地上盘腿坐下。宫崎良文点了几盘新奇的菜，包括温泉蛋、丸子和海陆香鲜。

"为什么日本人这么重视自然？"我问宫崎，他正准备吃魔鬼鱼。

"美国人不重视自然吗？"他问我。

我思考了一会儿，说："一些人重视，一些人不重视。"但是我在想，有很大一部分美国人不重视自然，因为我们的户外时间和去公园的人数正不断减少。

"嗯，"他沉思了一会儿，说，"在日本文化中，自然是我们思想、身体和哲学的重要组成部分。我们的传统中，所有事物都是相对的，而西方所有事物都是绝对的。"

也许是因为日本米酒，我真的有点听不懂他的话了。

"区别在于语言，"他继续说，"如果我问你，'人是狗吗？'，你会回答我'不是，人不是狗'。而日本人会跟你说'是，人不是狗'。"这位自然研究的伟大导师在筷子上方凝视着我。这让我想起一个故事，一位禅宗弟子问老和尚："你怎么知道这么多？"而他得到的回答是："因为我闭上了眼。"

我的理解是，宫崎良文的回答就像禅宗中的公案，让人忍不住探索却又很模糊。但你知道，他真的明白很多道理。

◇◇◇

第二天早上，我和男生们轮流在路边的实验室测试。我们将棉卷放在舌头下面两分钟，然后吐到试管里，测试肾上腺皮质醇的水平。我们身上连上了各种探针和设备。这支实验队伍当时刚刚发明了一种用电池驱动的近红外大脑分析仪。用的时候，感觉就像水蛭在我额头上吸血一样。我们散步回来和在城市的时候，这一步骤还会重复进行。

宫崎良文和李珠永通过对比血压、脉率、心率、唾液皮质醇的变化，来测量我们对不同环境的生理反应。今年，他们还增加了血红蛋白的指标。这些数据在综合以后，就可以明显看出交感和副交感神经系统的分工。当我们在环境中放松时，副交感神经系统的作用强，因其主控"休息和消化"。所以食物在户外吃才会更美味，宫崎良文这样告诉我。但现代生活的需要和持续的刺激往往会触发我们主控"战斗或逃跑"行为的交感神经系统，并且不断刺激它。这样是有后果的：很多从20世纪30年代开始的研究[26]都指出，皮质醇和血压水平长期高的人更容易患上心脏病、新陈代谢有关的疾病、痴呆和抑郁症[27]。而更多近期的研究发现，城市生活的持续压力对大脑的影响会增加人类患精神分裂症、焦虑症和心境障碍的概率。

轮到我走进森林并漫步15分钟的时候，我高兴极了，因为终于能挣脱电线的束缚了。清晰又有节奏的蝉鸣在林间回响。阳光从榉树和七叶树的枝叶间温柔地洒下来，土壤的味道清新、潮湿。一对老年夫妻缓缓走过，手握拐杖，佩戴熊铃。一只黄色蝴蝶深深吸引了我。我这时明白了，为什么十二湖公园仅凭被树叶覆盖的道路和湖泊，就可以成为日本下一个森林疗养基地。当地官员和公园的管理人员都在申请这个认证，因为只要是有森林疗养基地的地方，就有游客和日元收入。宫崎良文的目的也许比较神秘，但他无疑想拿到更多数据。在这里开展研究会很方便。

日本对生理学和大脑的研究借助了脑科学新的研究方法，但这建立在几十年来关于身处大自然的健康益处的心理讨论的基础上。宫崎良文并不是第一个记录自然会缓解身体压力的人。当年，一位年轻的心理学家罗杰·乌尔里希（Roger Ulrich）就十分好奇，为什么很多密歇根州的人都不嫌麻烦，要开车绕到林荫大道再去商场。1986年，他用当时又贵又笨的设备，对几位健康的志愿者进行了脑电图（EEG）扫描，操作时分别给两组受试者观看大自然风景和现实生活建筑的幻灯片。观看自然风景的实验组阿尔法脑波（α波）更强，α波和放松、冥想以及高血清素相关。在第二个实验中，他把120位受试者吓坏了，因为给他们展示的是木工厂中血腥的事故。他也知道这很痛苦，因为他记录了受试者的交感神经活动——汗腺分泌、心率和血压变化。之后，他给一些受试者观看了10分钟自然景色的视频，另外一组看的则是城市景象，包括商场和路边的汽车。实验结果的差异很大：不到5分钟的时间，观看自然景象的那组受试者的脑电波就完全恢复到基本水平，而另外一组的恢复程度较小，其交感神经活动超过10分钟才恢复过来[28]。

尽管这在当时有着很大的意义和前景，但是这项大脑和自然关系的研究在后来的几十年中都没有多少人注意。它被认为是软科学，在被遗传学和现代化学搞得眼花缭乱的医学界，它的大部分内容都是基于定性测量，而且出资的制药公司不会从室内植物或花园景观中获取利益。近来人们重新燃起的兴趣源自思想和各类事件的汇总：日益泛滥的肥胖症、抑郁症和焦虑症（即便社会越来越富裕，药物越来越发达）。人们逐渐认识到环境对基因的作用，我们与户外的隔阂越来越大，学术和文化上的不安也与日俱增。

◇◇◇

毫不意外，我在城市散步根本比不上在十二湖公园的体验。弘前市中心的绿化比起华盛顿特区也差远了。这里有换乘车站、卖生活必需品的商店，还有出行的人们。那时是盛夏，柏油路都快烤焦了。购物的人急匆匆地进出贴着"番茄意大利面"广告的店铺。我走过四个停车场、两个出租车站、一个公交车站，还路过两辆喷着尾气的闲置大巴。我的交感神经系统也有所反应，在森林漫步之后，我的收缩压降了6个点。而在城市走过之后，升高了6个点。这当然引出了一个问题：自然对人的这种效应会持续多久呢？是不是遇到堵车或者听到手机响铃就没有作用了？

宫崎良文时常会与一位来自日本医科大学（Nippon Medical School）环境医学系的免疫学家李卿合作，二人都对这个问题有疑问。李卿的研究兴趣在于自然对人类情绪状态和压力的作用，及其在免疫系统中的反映。他的研究领域是自然杀伤细胞（natural killer cells），这种细胞会帮助我们抵抗病原体，而且可以像皮质醇和血红素一样在实验室得到测量。它是白细胞的一种，作用非常有益，因为它会向肿瘤和受病毒感染的细胞传递自毁信号。人们早已知道，一些包括压力、年龄增长和杀虫剂等在内的因素，至少会在短期内减少人体内自然杀伤细胞的数量。因此，李卿好奇，如果自然能够帮助人们减轻压力，那是否意味着它会增加人体自然杀伤细胞的数量，从而帮助人体抵御病毒感染和癌症呢？

为了找到答案，李卿在2008年组织一些日本的中年商人走进森林。在为期三天的实验中，他们每天早上都要花几个小时的时间进行徒步。徒步后验血发现，他们的自然杀伤细胞数量增长了40%，而且这种增益的效果持续了7天。一个月后再测，自然杀伤细胞的水平依然比最初的状态还要高15%。但是在城市徒步的对照组中，受试者在同样的时段中体内自然杀伤细胞数量并没有改变。随后，李卿又进行了多次针对不同男女受试者的类似研究，并在几份同行审阅的学术刊物上发表了结论。针对其中一项研究，李卿提出疑问：如果在城市的公园中逗留一小时会不会也有相似的效果？因为大多数人都没有时间去树林里待三天。研究的结论是肯定的，但免疫持续时间没有那么长。

这是为什么呢？李卿认为可能是树木的缘故。他觉得自然杀伤细胞的增多可能是因为"挥发性芳香物"，也就是俗话所说的"树木的芬芳气息"，也有人说是"植物杀菌素"。这些化学物质包含萜烯（terpene）、蒎烯（pinene）、柠檬烯（limonene）和由其他常青树散发出来的植物精油。科学家已经鉴别出日本野外超过一百种的植物杀菌素，而对于城市来说，这些物质只在公园上空存在。这毫不夸张，至少从2002年开始，研究者们就将一些土壤化合物视作有益健康的物质，比如放线菌，其在空气中浓度为十万分之一的时候，人类的鼻子可以感受到。当然还有霉菌孢子，我们会用它来培养很重要的抗生素，如青霉素。泥土的确有治愈的作用：2007年和2010年分别在英国和美国进行的两项实验中，有幸暴露在普通土壤细菌，即母牛分枝杆菌（Mycobacterium Vaccae）的环境下的小白鼠在迷宫测试的表现更好，显示出更少的焦虑并会分泌更多的血清素。很多科学家都认为血清素是与快乐相关的神经递质。

为了检验植物杀菌素理论的正确性，李卿请13位受试者在一家酒店住了三晚。其中一些房间加装了会挥发日本扁柏树精油的加湿器，这种树在日本挺常见；另外一些房间的加湿器挥发的则是普通的水雾。结果如何呢？实验组，即加装精油加温器的受试者，体内自然杀伤细胞在住宿期间增加了20%，而且乏困感更少了。而控制组的受试者没有任何变化。

"这好像是一种神奇的药物。"李卿在东京实验室接受我的采访时说。

这听起来很做作，甚至不可思议，这不就是说出租车后视镜上挂着的那种香包能延长我们的寿命吗？但是，李卿在培养皿中发现，自然杀伤细胞会由于植物杀菌素的存在而增多[29]，溶解肿瘤细胞的蛋白质和蛋白酶（包括颗粒溶素、颗粒酶A和B以及穿孔素）也增多了。我们不清楚，到底是因为香味分子里面有一些神奇的东西，还是因为气味本身就会帮助人们减轻压力。李卿的嗅觉理论不同寻常，但其涵盖的是禅宗的五官哲理。美国的科学家在做研究的时候，用的方法要么是给人们看大自然的图片，要么是让他们沿着绿色的校园跑道跑几圈，但日本的科学家就直接让你的五官浸透在大自然中。

李卿是日本森林医学研究会（The Society of Forest Medicine）的主席，他会把自己的理解运用在生活当中。"实际上，"他说，"我在冬天的时候，几乎每天晚上都会在家里用树油来加湿空气。"你不需要自己花费精力去种树，这种树油一般在卖香薰精油的药妆店就可以买到。

"你还有什么推荐的吗？"我问这位顶着西瓜头的中年先生。

很明显，他觉得没有什么了，只是跟我讲："如果你有时间度假，那就不要去城里。要去自然的环境，尝试每个月都花一个周末出去走走，至少一周去一次公园。做一些园艺活会很有帮助。在城市里散步的时候，要在树下走，不要只是去运动场。要去安静的地方，靠近有水的地方。"

我听着这些，眼前浮现的景象跟我早晨在华盛顿特区散步时完全不一样。

◇◇◇

然而我还是忍不住去想，如果我们能获取更多关于自然和大脑、免疫系统的相关数据，可能就会有更多人走进森林了。但尽管我们知道要多吃绿色蔬菜，可大多数人就是不这样做。拿蔬菜在这里做类比特别合适，因为它还说明了即便是我们不喜欢的自然环境，比方说极度寒冷的冬天，也会对人类有益。至少这是芝加哥大学马克·伯曼（Mark Berman）教授的研究结论。在一项研究中，他让受试者在大风凛冽的寒冬时节参观植物园。这些受试者并没有很享受，但是依然在短期记忆和注意力方面取得了较好的表现。我们将在下一章为大家详细介绍伯曼教授的研究。

日本的研究者对人们与大自然的联系非常重视，而美国的学者似乎更关注我们与自然的脱节、注意力分散、惰性及成瘾性。他们更想了解的是：如果排除脱节的影响，亲近自然是否可以提高工作效率？也许这样的文化差异，正是宫崎良文在吃黄貂鱼时告诉我的合一性（oneness）和自我性（me-ness）的差别。美国人希望知道的是自然，远处的自然，会为人类带来什么。他们崇尚的是贝奥武甫①而不是松尾芭蕉，斩杀恶龙之后，回到英雄大厅。他们更希望利用自然的力量扩大自己的成功，也许甚至想要电子化的自然世界，而彻底忘掉虫子和阴雨天。

我想飞回美国，去犹他州，看看美国研究人员的进展及其想要在这项研究当中进行突破的方法。他们针对认知和创造力的课题为我们提供了理解自然对人类大脑影响的另一大主要理论框架。但与此同时，我要抓几个松果闻闻。要喝树皮茶吗？这就算了吧，不过可以用手摸摸苔藓。

毕竟，我不是小狗。

---

① Beowulf，北欧史诗中的英雄形象。

2

寻找发臭紫云英，
需要几个神经学家？

我们曾经常常等待，

我们曾经常常随处闲逛以消磨时间。[30]

——门廊之火乐团（Arcade Fire）

如果要去沙漠，大卫·斯特雷耶最适合当司机。因为他从来都不会在开车的时候发信息或者打电话。他甚至都不希望别人在他车里吃东西。斯特雷耶是犹他大学应用认知实验室的一位认知心理学家，他很明白人类的大脑是容易犯错的，尤其是一心多用的时候。作为该领域最顶尖的专家，他经常向美国国会通报开车使用手机的危险。他的研究发现，开车使用手机和饮酒驾车的危险性是一样的。他最近又开始将炮口对准语音识别技术了，包括苹果手机的 Siri，以及现在几乎所有汽车都自带的语音助手。

"我随时随地都在和Siri讲话！"我在斯特雷耶的四驱SUV的后座上跟他讲，口袋里还揣着那部有Mappiness程序的手机。

"别用Siri了！"他跟我们几个讲。

苹果公司会惹他生气，通用汽车和福特也一样。

尽管他很懂汽车，但他最新的研究课题却恰恰站在汽车的对立面——自然。作为一个经验丰富的漂流者、背包客和徒步旅行者，他知道自己最好的创意都来自野外。现在他要一探究竟了。

佛陀、耶稣，甚至奥斯卡影后瑞茜·威瑟斯彭（Reese Witherspoon）都曾去过沙漠寻找智慧，大卫·斯特雷耶也不能例外。他还带上了六位神经科学家与他同行。他们的计划是：搞清楚如何研究美丽又复杂的大自然对美丽又复杂的人类大脑的影响。日本学者是从亲生命效应的范畴（我们与大自然天生的情感联系）开始的，会评估我们情绪的Mappiness软件和神经科学家的队伍则完全是在认知领域进行研究。斯特雷耶的队伍对没有定形的人类福祉不感兴趣，而对观察和测量自然如何帮助人们思考、解决问题及合作充满好奇。研究结果应当可控，能够做出图像，可以测量、绘表、反推、复制，可以通过卡方分析，并受到多项研究从意想不到的角度提出的质疑。这样的话，他们的研究问题和实验设计就必须符合同行以及自己的要求。

但目前来说，应该先设计一些远行徒步的好线路。斯特雷耶邀请团队来到摩押城（Moab），这是犹他州南部一个破旧的小镇，以一个古老的王国为名。小镇附近有如诗如画的风景，还有3.2度优良麦芽酒的供应商，这里似乎特别适合探讨和计划自然对大脑影响实验的安排。斯特雷耶就像《十一罗汉》(Ocean's Eleven) 中的乔治·克鲁尼 (George Clooney) 一样，要解决一个科学难题。他有地图，有物资，还有美国国家科学院的资金支持。对我来说，我想要清楚了解的是这些神经科学家的理论建构、他们的疑惑和个人偏见，这样我就能自己开始探索自然和健康问题了。第一天，在车上坐在我旁边的是莉萨·富尼耶 (Lisa Fournier) 和她的丈夫布莱恩·戴尔 (Brian Dyre)，他们是来自华盛顿州普尔曼 (Pullman) 两所大学的心理学家。戴尔是这个队伍里抱持怀疑态度最强的人。

"我怀疑的是自然的修复能力，"他告诉我，"我相信人在自然里会感觉更好，但我对其中的机理并不明白——是因为你只是从日常生活中抽身出来了吗？还是因为你只是换了一种新的心情？或者说这是获得这种新心情最简单、最便捷的方式？"戴尔认为在自然界度过时光和听音乐或参观博物馆没什么两样，只不过过程很愉快，有时候也有利于社交罢了。

实际上，科学表明，这些事物——音乐、朋友、文化活动等——都对我们的精神健康有帮助。为什么大自然就要比这些更有力量？可能这只是环保主义人士的愿望，有更多的公园、湿地，以及更少的推土动工、大型主题公园，就意味着他们朝目标更进了一步。而博物馆、乐队、成群结队的朋友都可以在城市找到。

无论怀疑与否，戴尔都喜欢这里的风景。我们的第一站是美国拱门国家公园，在路过了光滑的赭红色山脊以及壮丽的悬崖峭壁后，我们朝着一个叫双O拱门（Double O Arch）的自然景观进发，我们好像是在龙的后背上行走一般。这里有一个木牌，写着：

注意：

原始道路

远足危险

我真是太喜欢这里了。从华盛顿特区来到这里，大口地呼吸野外的空气，就好像是终于从地下室里出来的感觉。这里有天空、日光、不常见的颜色和奇形怪状的岩石，真是一场视觉盛宴。

在一块细长的岩石上野餐后，我们终于找到了双O拱门这一奇观，它就像一个救生圈上顶了一个巨大的手镯。我们一些人开始小心翼翼地爬到这精致的手镯上边。从上往下看，世界被分成了两个部分，上面感觉比较危险，但还不错。往下看，亚当·格萨里（Adam Gazzaley）在侧着身子给我们拍照。当他不再给《自然》（Nature）杂志撰写最前沿文章后，他的身份变成了一名绝佳的摄影师。我们摆了几个造型就赶紧下来了。

"我刚刚意识到了一件事，"我们下来后格萨里说，"我躺在那儿，想拍一张我的脚加岩石和天空的照片，然后突然之间我就意识到了一件以前想不到的事。我终于可以拍一张垂直全景图了！从下到上！"格萨里开始咯咯地笑，他给我们看了他用手机拍的那张全景照片，但好像除了刺眼的阳光和全景之外，也没有什么内容。

"在大自然里待了半天，你就已经这么有创意了！"我跟他说。

"是的呀！"

◇◇◇

这是大卫·斯特雷耶第三次带着神经科学家来到荒郊野外进行考察了。第一次是在 2010 年的大干谷原始地（Grand Gulch），当时他们背着行囊走过了 32 英里①的路程。第二次是为期五天的河流之旅，参与的人稍微多一些。当时有一次，独木舟翻船了，两名有威望的神经科学家被甩了出去，而此情此景正好被一位《纽约时报》（*New York Times*）的摄影师抓拍了下来，稍有尴尬。那次河流之旅是因为斯特雷耶有一个古怪的想法，他想向同事们证明，人们摘了手表、关了电子设备走进野外之后，就会实现内心平和，并激发创造力。所以说，在我们这次探索中，斯特雷耶是自然力量最忠实的信仰者，但他也知道，自己需要他人在其他领域的专业知识和威望。

计划进展得已经非常不错了。五天后，此行的科学家们已经莫名地非常放松了，有些甚至达到了这些年来最放松的状态，

---

① 1 英里 ≈ 1.6 千米。

所以他们答应要一起验证斯特雷耶的假说。他们提出了一个实验方法，即对56位参与野外拓展活动的人测量创造力。其中，一半的受试者在出发之前做远距离联想测验①（remote associate test），另外一半则在三天的远足后再做。远距离联想测验是趣味性和挑战性兼备的测试，用以测量受试者的直觉和"聚合创造力"。测验的每个题目均由三个字组成，受试者的任务就是试着找出另外一个字，使得该答案可以与前面三个字组合成一个合乎逻辑的词（比如"水""木""圆"——答案："桶"。更难的是这个："人""义""理"——答案请见脚注②。如果你猜不到，那么请在树边站一会儿再试。提示：答案不是"气"）。虽然这只是一个小型的研究项目，但研究结果（发表在公共科学图书馆期刊上）让研究者们吓了一跳：受试者仅是在自然环境下度过几天以后，创造力就提高了50%[31]。

50%！谁不想驾驭这种力量？但是这个研究结论还需要能够复制，需要梳理并完善。斯特雷耶为此拿到了另外一笔足够的经费拨款，能够让大家聚集起来并借助大家的数据做几个更广泛、目标更宏大的实验。在新一次的旅途中，科学家们住在酒店里，酒店楼顶还带个火炉。这个选择是生活方便和住在山洞之间的妥协，计划是白天远足、沿着河流跑步，晚上围坐在火炉旁对实验设计展开头脑风暴，还可以喝酒。

---

① 远距离联想测验是 Mednick 在 1967 年编制的测试。测验要求受试者在彼此相距很远的概念之间看出关系，也就是测试其聚合思维的能力。——译者注
② 答案为："道"。

即便之前野外拓展的研究很有趣，当时实验中仍然涉及很多参数，对研究的结论有潜在性影响。创造力提高的原因真的是大自然吗？还是说在一个有趣的团体中保持几天活跃的社交就可以起到作用？是不是只要心情愉悦就能让人变得更聪明？那好的睡眠呢？是不是因为那里有超级棒的扁豆粉（好吧，这个不太可能）？还是和攀岩老师打情骂俏？要想把自然体验的概念梳理清楚，还真不是一件简单的事情。"我认为这里还存在感官的再校准，涉及视觉和注意力，"斯特雷耶说，"我想看到一些实验数据，这样才能支撑或者否定我之前的假说。"

◇◇◇

由于这笔经费，科学家们可以吃到冻干的鹰嘴豆泥了。在拱门国家公园的第一晚，他们前往了摩押最好的（因为是唯一的）泰国餐厅。神经科学家阿特·克雷默（Art Kramer）是从伊利诺伊大学（University of Illinois）来的，他是贝克曼尖端科技研究所（Beckman Institute for Advanced Science and Technology）的所长。六十出头的他很明显是团队里最年长的科学家。他和我们见了面并即刻步入了正题。他个子不高，为人坚定，给人一种雷厉风行的感觉。"他说话特别快。"有人这样提醒我。来到这里的科学家中几乎所有人（除了格萨里）都曾与他共事过，或有在他的实验室工作的经历。斯特雷耶就是他的第一位博士生，当时他们研究的课题为飞行员的人为错误。克雷默一直以来都对人类习得技能和如何出错感兴趣。他曾向美国军方、美国航空航天局（NASA）和联邦航空管理局（Federal Aviation

Administration）等机构提供咨询服务。

但克雷默真正在神经科学界出名的课题是，锻炼身体是如何帮助大脑抵抗由年龄增长导致的认知衰退的。在他十几个非常有影响力的研究中，他阐述了锻炼身体会让大脑产生新的细胞，尤其是在与记忆、执行以及空间感知相关的区域。在克雷默取得研究成果之前，人们不相信肢体运动可以产生如此明确和重要的效果。现在，全世界的人都知道锻炼身体是防止与年老有关的认知衰退的最好方法了。克雷默的研究改变了行业和社会的看法，这就是科学家的梦想。

"我们现在对于自然的认知，相当于1992年身体锻炼和大脑关系的研究水准，"斯特雷耶这样说，"我的下一个十年的目标，就是在自然方面达到像老师那样的进展。"

这些科学家围坐在铺着塑料桌布的餐桌前，如果你对他们的研究兴趣做一个维恩图（Venn diagram）的话，他们各自的圆圈一定会有个交集：注意力。其他研究自然效应的科学家可能兴趣很广泛，比如研究情绪调节、压力或免疫系统等。但对摩押的这队人物来说，注意力是他们的通用语，所有心理状态都来自注意力。我还会听到很多关于这方面的理论。

克雷默吸了一口印度奶昔，看了一眼手机。我问他是否会听取斯特雷耶说的，在摩押的时候关掉电子设备三天的建议。他好像很严肃地看着我。

"我带了四台电脑，"他停了一会儿说，"但我可以做到，我曾经在雪洞里生活了一个月。"这句话吸引了好几个人的注意力。"他是个爱寻求刺激的人。"斯特雷耶给我解释。

"的确。"克雷默说。

"你的哈雷摩托还在吗?"有人问。

"在啊。"克雷默从手机里找出来一辆红色摩托的照片给大家看。

"还穿皮衣啊?"斯特雷耶问。

"对,皮夹克。"

"裤子呢?"

"嗯……我没有不穿裤子啊。"

◇◇◇

我们准备好要去没有信号的地方,体验技术退步的好处了。接下来几天我们要沿着猎人谷(Hunter Canyon)徒步上去,格萨里都准备直接抛弃自己的手机了,掏出了他那不舍得用的相机。我当时和大家说,我想知道各种各样的野花长什么样子,而在没有网络的地方,我只能用笨办法。当天早上,堪萨斯大学(University of Kansas)的心理学家露丝·安·阿奇利(Ruth Ann Atchley)就送了我一本压过膜的花卉指南。要知道,她和她的丈夫保罗·阿奇利(Paul Atchley)直到几周前才买了手机,只是因为需要在旅途中处理电子邮件。保罗也是一位在开车分神方面进行研究的专家。他们两个是肯定不会在手机上玩"天天过马路"(Crossy Road)这类游戏的。

我们在酒店大堂等待集合出发的时候,保罗把自己的想法说了出来,他在想自然的恢复作用是不是或许有内部而不是外部的因素，比如网络世界的提示声和对我们思想的干扰等。这是正在进行的对话的一部分——关于在未来的研究中排除哪些因素。

"是不是这个时代吸引人的科技层出不穷，使得我们的交际活动对大脑产生了负面作用？如果回到大脑熟悉的环境，是不是就解决问题了？"他自问自答，说，"科技正在起反作用，自然有可能会做出改变吧。"保罗·阿奇利和斯特雷耶在很大程度上都受到斯坦福大学社会学家克利福德·纳斯（Clifford Nass）近期研究的影响，其权威的研究结论指出，重度媒体多任务操作人群（heavy media multitaskers）对完成认知要求高的任务感到很吃力。另外，在他研究的2300名不满13岁的女孩中，媒体使用率高的被研究者，社交能力和情绪的发展程度都较低。（遗憾的是纳斯教授没来得及看到自然的有益作用，在一次远足之后不幸逝世，终年55岁。）

"你记不记得有人在大都会艺术博物馆一边打电话，一边靠在一幅杰克逊·波洛克（Jackson Pollock）的画上？"保罗继续说，还摇着头。

"是不是自然越少、科技越多，就越会改变人的本质？"斯特雷耶问。

"嘿，我就是因为有了科技才活着啊，"克雷默插了一嘴，"我吃降胆固醇的药物，但我也活着。"

"我的意思是手机、电视和电子媒体这些东西，"斯特雷耶说，"它们才是刺激性强、闪闪发光，而且很有可能让人上瘾的东西啊。"

保罗越说越激动："36%的人在与伴侣同房的时候都会看手机，70%的人睡觉的时候旁边都会放着手机。"

斯特雷耶说："人们平均每天要看150次手机。青少年平均每个月要发3000条信息。这就是成瘾和强迫型人格的标志。我们天生就需要社交联系，需要围坐在营火旁，面对面交流。社交联系就像蜜糖一样。"

露丝·安·阿奇利觉得要让他们收一收了。她让大家轮流涂抹防晒霜，一边做着组织工作，一边调解。"的确如此，但自然又是怎么回事呢？"她问丈夫。

"你懂的，"她一边看着我一边解释，"他支持远离科技，而我支持维持现状。我特别喜欢迪士尼的电影，而他想看的是《纸牌屋》（ *House of Cards* ）。他还认为人性本恶。"这时保罗耸耸肩，但他并不反对。"我的猜想是，"露丝继续说，"当你身处大自然，你会更加留意身边的事物。这是被动的，世界万物来来往往，尽收眼底。这对于抑郁症再好不过了。当你在野外行走，你就好像乐观了很多，所有事情都变得更积极了，也加深了自己与自然的联系。我们应当处于这种世界，而且我们大多数人都有关于野外的美好童年记忆。"

格萨里这时也过来了，加入了我们的谈话："嗯，我的确在自然环境中放松得比在别处更快一些，但我并没有小时候在野外的回忆。"他在纽约洛克威（ Rockaway ）长大，每天要坐四个小时的地铁，往返于家和布朗克斯科技高中（ The Bronx High

School of Science）之间。"昨天吃午餐时，我的确完完全全放松了。"

莉萨·富尼耶也来了，她说："这是先入为主！我们都存在偏见，我们只是在确认我们相信的事物，这从实验就能反映出来。"

露丝说："你如果不相信野外素质活动会帮到你，是绝对不会去的。但他们也不知道我们要（在认知测试中）测试什么。"

富尼耶说："这里的'安慰剂效应'[1]太强了。"

克雷默："看来我们都不怎么轻信。"

保罗·阿奇利提起了自己的行囊："《X档案2》[2]的名字是怎么说的来着？我要相信。"

◇◇◇

不管是不易轻信还是信念坚定的人，都出发向美丽的西方前进了。我开车来到路边，保罗·阿奇利和斯特雷耶与我同车。随着新奇的景色慢慢浮现，我发现自己开始好奇注意力的重要性了，以及它在自然界会如何让我们更加聪明，正如斯特雷耶相信的那样。虽然我们现在处于一个注意力分散的年代，而且保罗也说我们活在"注意力经济"的世界中，但心理学家长久以来都对注意力的研究兴趣极大，这门学问也再次火热了起来。

注意力就是金钱，无比珍贵。亨利·詹姆斯（Henry James）的哥哥威廉·詹姆斯（William James）作为哲学家，是实验心

---

① 安慰剂效应：指病人虽然获得无效的治疗，但却"预料"或"相信"治疗有效，而让症状得到舒缓的现象。——译者注

② 《X档案2》英文原名为"The X-Files: I Want to Believe"。——译者注

理学的先驱。他在1890年出版的《心理学原理》(*The Principles of Psychology*)中用了整整一章的篇幅来写注意力。其中,他写道:"注意力的概念无须赘述,是心灵的集中……"[32]他还写道:"我的经验是,我同意加以注意的东西。"[33]在詹姆斯对注意力的分类中,一种是主动的、活跃的注意力,比如我们专心做的工作,另一种是被动的、反射的注意力,即需要我们注意到的事情,比如噪声、声响、光影,甚至不经意的想法。在没有短信铃声的时代,哲学家们对詹姆斯所说的"在法语中被称为'分心'的困惑、茫然、注意力不集中的状态"很是担忧。詹姆斯的理论我先说到这里,但我还是忍不住告诉读者,詹姆斯本人患有抑郁症,1898年他在阿迪朗达克山脉远足的时候有一段非常的经历。在寄给妻子的书信里,他说自己"进入了一种最特别的精神警觉状态"[34]。詹姆斯的教父是拉尔夫·沃尔多·爱默生,所以,也许他已经准备好主动考虑这种自然治愈的可能性了。

詹姆斯知道,保持工作注意力是极其困难的。而正如纳斯所说,缺少了这样的能力,人们至少在一些指标的衡量下变得更加迟钝了。(另外,与我们的大脑获得更多信息和存储空间相比,数字时代的干扰可能是一种合理的交易。)但有趣的是,人脑的另外一个局限就是接受周围环境的能力。因为如果不存在这个局限的话,那我们一定受不了各种各样的环境刺激。人类的视野范围极小,听力也不怎么好,大多数我们听到的和看到的其实都没有经过大脑处理。我们能在世界上生存下来,是因为我们自动过滤的能力很强。

"大脑大多时候可以自动过滤掉无用信息，"斯特雷耶一边说，一边将黑色四驱SUV开到了越来越粗糙的土路上，"这是一种策略层面的处理。如果路上变得很堵，你的大脑会自动排除收音机的声音。广播是被动信号，但是说话不同，如果你在和另一半打电话，那很难停下来。"所以如果你开车打电话，那么注意到交通标志、信号和行人的反应速度就会减慢。所有推特用户、发信息和邮件的人都知道，社交信息很能抓住我们的注意力，也很难让大脑过滤。我想起来一位科学家去度假时设置的一条邮件自动回复（当然，我也是在推特上看到的）："我不在办公室，偶尔才看邮箱。如果您的邮件不紧急的话，我可能还是会给您回复的。我有这个毛病。"[35]

"注意力就是一切，"保罗·阿奇利从前排扭过头来解释说，"没有注意力，我们听不到、看不到、吃东西没有味道。人类大脑能同时注意大概四件事情，那怎么才能选出最重要的事情呢？通过抑制。大脑中大多数关联都是抑制性的联系，我一直觉得这很有趣。我们所掌握的信息远远超过了我们所能处理的信息，所以大脑的功能就是过滤掉无用信息，然后我们就能专注于几件相关的事情了。"

因为观察能力、选择性注意力和抑制作用的相互配合，人类的认知能力可以变得更强，包括创造性解决问题、目标跟踪、计划和多任务处理。但问题在于，这些抑制作用和过滤用尽了我们的认知能力，吞噬了我们。根据斯坦福神经科学家丹尼尔·列维京（Daniel Levitin）在《有组织的思维》(*The Organized Mind*)中所写，人类大脑的处理速度极慢，只有大概120比特/秒的速度[36]。讲清楚点就是，听明白一个人对我们讲的话就需要60比特/秒的速度。所以说，主动的注意力是很有限的资源。当处理速度降低的时候，我们就会出错，就会急躁。另外，更换任务会从前额叶皮层和大脑其他区域燃烧珍贵的葡萄糖氧化产物，也就是我们认知和身体行动所需要的能量。也难怪放空自己，在大自然中看到蝴蝶飞过会让自己感觉很好。当然，后者也需要消耗我们的脑力，但消耗的物质不同，这才是关键。

当我们接近徒步的启程地点后，汽车窗前的美丽天空和红色峭壁形成了强烈的对比。一道布满青苔的河床映入眼帘。"在我看来，"保罗·阿奇利用手挥过这片风景，继续说，"这种环境给我们的选择就少很多了，这样我们的注意系统就会关注更重要的事情。在办公室，有电子邮件，又有各种提醒的声音，大脑要过滤更多信息，所以很难深入思考。而在自然环境下，对过滤的要求不高，因此你就有能力去抓住更深入的想法了。"

◇◇◇

参与到这个项目当中，我相信身处壮丽的风景或仅仅身处舒适的自然环境，就可以帮助我减轻压力，让我思考更加清晰，脚踏实地成为更好的人。但我还有种想法，觉得我们祖先的生活也并没有比我们好很多。在摩押的这么多中年科学家，不喜欢自己的手机，看到了手机对自己学生造成的影响——其中许多学生容易分心、倦怠和焦虑。然而，要是认为现代充满压力的生活就一定比我们祖先充满压力的生活更糟糕，也太草率、太不符合历史观了。我担心自然的作用可能太过美化那些在洞穴里居住的人（尤其是男性）了，而没有考虑他们要在大草原狩猎而不被发现，还让人们设想他们拥有强壮的三角肌，在火把旁边举行兄弟仪式。但是，单是狩猎-采集模式下的采猎者儿童死亡率，就反映了大多数家庭都要忍受极度的悲痛，这还不包括食物、天气和战争的不确定性等影响。

人类的大脑对社会和情感的压力很敏感，而这些压力也一直都存在。或许重要的不是压力的来源，而是减压的能力，这是问题的关键。很有可能我们是因为放弃了与夜晚的天空、令人心旷神怡的空气、鸟儿的美丽歌声等之间的联系，才失去了这种能力。而当我走出去时，就会感到自己有了时间，有了空间。我会对着暖人心脾的气息深深吸气，对着美丽的景色凝视半晌。沉浸在泥泞小道或者小河淌水的景色中，很难不会注意到大自然深深的吸引力。说到这儿，我们总算到达目的地了，我们把车停好，稀稀拉拉地形成几人一组的队列，朝着河边的小道走去。小道上沙子很多，天空湛蓝，风吹得草木沙沙作响。

在前面，我赶上了克雷默。他的冒险生活和他本人一样出名。他的左膝装了支架（高速滑雪出了一场意外），走路也有些一瘸一拐的，但速度并不慢。他才不是那种会盯着苔藓、待其生长的人。他曾告诉我，他在大提顿国家公园（Grand Teton National Park）接近脱水和在阿拉斯加渡水的传奇故事。他在纽约长大，十岁的时候参加了美国童子军最为卓越的组织——阿罗荣誉协会（Order of the Arrow）。当时有人给了他一颗鸡蛋、一把刀子和打火工具，让他独自一人去树林里，三天后才能出来。他从来都没有怀疑过这些经验对他的生活的帮助。但他绝对没有想到这居然能帮他降低血压，或者让他有机会去沉思冥想。"嘿，我以前是个专业的攀登者。比方说我登上了像一面巨墙的酋长岩（El Capitan）时，便很放松，挑战成功的感觉很棒。当时我并没有发现这有恢复精神的作用，但其实它确实有，爬山下来几周以后都有不一样的感受。"

无论是去冰洞，还是通过地中海俱乐部等旅游机构出行，去一个完全不同的、新奇的环境都会帮助人们减轻日常工作的压力或劳累。这是有道理的。这就是恢复精神的良药。但是，面对压力的来源又该如何呢？与我们的祖先对比，毫无疑问现代生活对我们注意力的要求很高。大多数人都不知道如何在这种压力中挺过来。列维京写道："美国人平均面对的事情是采猎者平均水平的几千倍[37]。从完全的生物角度来看，我们要跟踪的事物比大脑设计的容量多得多。"而事实是，在这个方程的压力源一边，我们无法做出改变。

斯特雷耶和我说，这就是我们问题的部分来源。"我们是环境进化的产物。我们创造了人工的环境。灵长类动物擅长改变和适应环境，但我们的思想并不一定与其一致。"换言之，就是这个充满高楼大厦、交通道路和电子邮件的世界，对我们大脑的感知和认知系统来说是不完美匹配的。那么，这些系统到底是什么呢？我们该花费一点时间来分析一下了，因为这正是大脑和自然关联的核心问题，也是拯救这份联系的关键。

斯特雷耶认为，到达某一个环境涉及大脑的三个网络。第一个是执行网络，包括智力、以任务为中心的前额皮质，负责大部分的刺激和行为抑制；第二个是空间网络，为我们指引方向并提供空间感；第三个是默认网络，该网络会在执行网络衰弱时接管工作。他们是阴和阳、油和水的关系，存在一种对立的工作关系，同一时间只能涉及其中一种。

默认网络控制着我们的自由畅想、白日梦、遥想目标、心不在焉。詹姆斯对这种状态表示惋惜，因为它诱导我们从实际的工作中脱离。但它也是大脑中魅力十足、难以捉摸的"佩花嬉皮士"。最近有很多声音都在讨论：默认网络是否有消极作用且杂乱无章，还是说这正是诗歌和人性的组成部分？当人们哀伤、抑郁、以自我为中心和自我批评的时候，心理学家会怪罪默认网络。但当人们有同情心、创造力和思维洞见之时，人们又来夸赞它。研究注意力的科学家对默认网络的兴趣极大，因为"它给予了我们人性的体验、深度的美学感官、做出独特而伟大的事情的能力"，正如保罗·阿奇利所说。这听起来非常不错，但人们喜欢它还有一个重要且实际的原因：默认网络会让大脑的执行部门休息，以重返大脑表现的最高水平。

一项权威的自然研究显示，自然的作用好比一种先进的药物，这种药物会选择性地对默认网络起作用，就好像使用雌激素的新疗法会通过雌激素受体的定向作用让骨骼变强壮，这就不会产生癌症的风险。似乎当我们有好的自然体验时，也会触发默认网络的积极作用，而不会让我们沉溺于所面对的问题。研究显示，人们在自然界中行走时，负面的思考会比在城市中行走时少很多。

我们不是总能将生活密集的压力排除在外，但我们还是可以努力地找到缓解的良药，无论是短期的还是长期的自然疗法，都会让我们的大脑找到恢复的机会。如今我在犹他州开始有这种感觉了。

我开始思考大脑的这三个网络，很容易意识到我在猎人溪（Hunter Creek）时触发了默认网络，但一开始我用的是执行网络。防晒霜？拿了。水壶、蜜蜂叮咬喷雾、墨西哥胡椒土豆片？拿了。是不是想吃东西？当然，但我得等到符合社交礼仪的时候才能吃。别想土豆片了，别想了。那巧克力片？还是别了。我走着走着，感觉鞋底踩着沙子，怪柳枝打着我的腿，拨开树枝，看到一片片小小的咸水湖。鸟儿叫着，花儿开着。要想不注意到这片景色，真的是不可能的事情。渐渐地，我的感官知觉越来越强，分析越来越少，或者用神经科学家的话来讲，是越来越侧重底顶信息加工（bottom-up processing）而不是顶底信息加工（top-down processing）了。古老的大脑区域在大脑新皮层（neocortex）重新焕发了活力。通常来说，用常规速度穿过一片景色，脚步不停，对注意力的集中没有多少要求。这种速度符合大脑的自然理解。

我们在溪流旁边的一块岩石上吃了午餐，我打开了那本花卉指南。我们喧闹地围在了一朵白花跟前，发现书上有很多相似的品种，没有一模一样的。"我觉得是荞麦花。"有人说。

"不对，看它的叶子，是尖的。"

"肯定是这个，黄芪（milkvetch）。"保罗·阿奇利指着书说。

"其实是臭黄芪（stinking milkvetch）。"

这就好比科学的研究过程：有根据的猜测、争论和自信的声明最终被证明是错误的。可能这和脑科学的研究很类似。

◇◇◇

很早就有人把自然比作注意力资源的乐队指挥。弗雷德里克·劳·奥姆斯特德在 1865 年就描述过这种现象，他说自然"使人的大脑不感疲倦，又受到锻炼；既能让大脑平静又能令其兴奋。因此它通过大脑对身体的作用，让人得以恢复精神，重新激发全身的活力"[38]。慢慢地，学术界也开始跟上了节奏。从 20 世纪 80 年代早期开始，密歇根大学的卡普兰夫妇（Stephen and Rachel Kaplan）注意到，心理困扰通常都和精神疲劳相关。他们推测我们日常的各种任务已经让大脑前额叶疲惫不堪了。蕾切尔·卡普兰说，人类在步入现代之前，大脑前额叶虽然也得到了锻炼，但当时休息时间也更多一些。

来摩押之前，我和蕾切尔·卡普兰有过一次谈话。在她密歇根州安阿伯市（Ann Arbor）的办公室里，摆满了各种植物。蕾切尔和她的丈夫在环境心理学界备受尊重，他们也培养出了众多顶尖的研究者，他们的研究成果也会在本书这一部分有所介绍。我曾经问过蕾切尔，大脑怎么样才能获得休息。"轻柔的魅力。"她这样回答。就是看日落和下雨时的体验。她说，最能够让人恢复精力的景色，就是那种能够引起人们兴趣但又没有那么令人兴奋，会引起人们注意而不会消耗注意力的景象。这种景色还必须与我们的审美相一致，并有一定的神秘感。在室内有这种感觉的话就太幸运了，而在自然环境中更容易找到这种景象。

卡普兰夫妇将该假说称作注意力恢复理论（Attention Restoration Theory, ART）。他们首先在质的层面对其进行了验证，研究对象在观看自然环境的照片或在室外待一段时间后表现出更清晰的思维和更少的焦虑。2008年，斯蒂芬·卡普兰与他的一位研究生马克·柏曼（Marc Berman）进一步对该假说进行实证检验。他们发现，短时间的自然图像观察（与观察城市环境中的图片相比）至少可以让受试者的大脑表现出部分恢复的状态[39]，尤其是认知表现和执行注意力。蕾切尔·卡普兰认为这些效果随着观看时间的增多会变得越来越强。

我们上一章介绍过一位测量脑电图的心理学家罗杰·乌尔里希，他就是卡普兰夫妇早期的一位学生。卡普兰夫妇提出了注意力恢复理论，乌尔里希主张的则是减压理论，即SRT。其实ART和SRT的主要区别在于时间，因为他们都赞同自然可以让人更加快乐和聪明。在卡普兰夫妇的ART理论中，首先强调的就是大脑的注意力网络。像在猎人溪旅行，这样的自然风景会凭借它轻柔的魅力让我们的心情平复下来，彻底让顶底信息加工机制得到休息。在恢复效应的帮助下，我们更加放松，思考的表现得以提高。另一方面，SRT 和威尔逊的亲生命效应的设想认为，自然环境可以快速降低人们的焦虑和压力水平，从而使思想更加清晰，心情更为振奋。乌尔里希这样向我解释她和卡普兰夫妇研究方向的不同："在我获得博士学位之后，我们在概念性思维和研究方法方面走上了不同的道路。他们继续在认知方面做文章，而我从情感、心理和自然对人体健康的影响方面进行研究。"乌尔里希的血压计袖套和情绪量表影响了日本，而卡普兰夫妇的注意力框架对美国的影响更大。

"我们哪里会想到有如此大的影响？"蕾切尔问道，面对着自己和丈夫一起创造的工作成果感慨万分。其实，ART 和 SRT 仍然有很大的探索空间：到底这轻柔的魅力包含什么？自然的景色是通过哪种感官系统改善了人们的心情？如何定义自然？恢复的效果产生又有多快？

摩押一行的科学家总体的猜想是：在类似的景色中漫步几天，看着云彩飘浮在无边无际的蓝天，人体的执行网络会得到休息，大脑也会产生积极效应。

"三天过后只有这一种感觉：哦，有变化。"保罗·阿奇利说。

斯特雷耶补充道："这种感觉是不容易忽视的。第四天，就感觉很放松了，你会注意到很多细节。在野外的头几天会有新奇的感觉，因为有新的背包和种种设备。但当抓住人注意力的新鲜感过去之后，注意力就腾出来了，就有了更多能力利用大脑的其他部位。这就好像当年公牛队对阵犹他爵士队时迈克

尔·乔丹（Michael Jordan）得了流感一样，你没办法让他在场
下休息，因为他打得实在太棒了，在那场比赛中乔丹接连得了
38分，疯狂无比。"他的执行网络不在状态，但他凭借着完全的
直觉达到了很高的水准。我们一直都知道，运动员和艺术家能
轻而易举地保持巅峰状态，但是我们也能通过自然环境达到如
此高的境界，这个结论很有意思。

"一个是额叶！"午饭过后，保罗·阿奇利重返小路，水袋
包管在脖子后面挂着，嘴里还念念有词，"一个是小脑！"

◇◇◇

当天晚上比较晚了，格萨里正在酒店楼顶的火炉旁调着马
丁尼酒。如果说克雷默是摩押这支队伍的长者，那么46岁的格
萨里绝对是这里边的年轻才俊，虽然他的头发已经花白。他的
脸庞非常年轻，总有人问他是不是染了头发。

"染成这个颜色？"他指着头顶，大声笑了出来。格萨里是
个外向的、乐观的人，非常不愿意否认自己对科技的热爱。他
坚信科技并不是人类的诅咒，而是我们的救赎。无论是摄像机、
脑电图机，还是在加州大学旧金山分校实验室里摆放的价值几
百万美元的85寸高清显示仪，他都能娴熟操作。目前，他在实
验室的工作是设计和测试专为需要提高认知能力的成年人准备
的"神经类"电子游戏。他认为这些游戏可以防止痴呆症和注
意力缺陷多动障碍，甚至能提高人的多任务处理能力，在理论
背后他甚至还有数据的支撑。这就是我们生活的世界，我们最
好能适应它。

　　但同时，作为一个自然摄影师和探险者，他也特别喜欢沙漠。我们知道他昨天成功地拍下了一张垂直全景图，今天他也在猎人谷记录下了奇观。"我今天的状态特别好，"我们围坐在假的营火前时他这样说，"我在峡谷里走着，路上沙石很多。大卫在前面先走着，我发现自己一个人在给沙漠里的花儿拍照。我让自己更能接受环境对我的刺激，走在环境当中时实现了底顶处理。我一直很难走出顶底处理，但这次没花多少功夫，我就认识了环境中美丽又特别的事物。我意识到，其实拍照是一件特别自然和舒服的事情。我总是在想顶底处理和底顶处理的关系，认为它们二者之间基本是认知控制的冲突。但是我现在知道了，这二者与人的良好状态具有很大的联系，可能当二者完全平衡的时候，人的状态就会变好。我好多年都没有这种感觉了，实在是太棒了。"

　　除此之外，还有别的因素，因为他的顶底处理模式正充分发挥着作用。精神学家格萨里这时回来了，他基本上体验了卡普兰所说的注意力恢复的效果。来自纽约洛克威的这位科技达人一边喝着马丁尼，一边这样解释卡普兰的理论："自然是有恢复作用的，因为自然会让大脑顶底处理的部分休息下来，给它时间恢复。我觉得你不需要真正处于自然环境下就能够有这样的体验，但是自然的确有它的特别之处，这就是自然有趣的关键。自然并不是唯一的，但有很强的能力，用不同的办法去抓住人的注意力。逐渐地，自然就给人们带来了作用很强大的底顶处理的体验。"这时他停下来，笑着说："但还是有超级多的人害怕自然，我见过无数次。"

露丝·安·阿奇利这时说话了："我昨天在山脊徒步的时候就没有感觉到恢复的效果，因为我恐高。"

莉萨·富尼耶就她选择的路线表示了歉意。

斯特雷耶说："个体差异总是会存在的。"这里我不禁联想起伍迪·艾伦（Woody Allen）的那句推文："我喜欢自然，但我就是不想碰它。"

富尼耶肯定在想："自然的美妙之处各不相同，其实你已经沉浸在其中了。"

戴尔的态度则是比较怀疑："也许主动的探索比较重要。"

"的确！"贾森·沃森（Jason Watson）回应道。他是一位年轻的研究员，也是一名对自然效应感兴趣的注意力研究者。在半月的光芒下，他的腼腆隐藏了起来。"这就是卡普兰所说的神秘。"沃森对我们讲述了他在近期做过的研究——大部分证实了卡普兰的观点。他和同事们向两百名受试者展示过自然风光的图片。一些图中的道路是平坦的，可以判断出走向，而另外一些图片中，道路是蜿蜒的，或者图中的景色不完全清晰，你要歪着脖子才能看清。即便受试者很短暂地观看了这些图片——只有几秒钟，他们也对神秘风景的记忆更深刻。换言之，正是这神秘的东西提高了认知记忆。

露丝·安·阿奇利提出了一个很好的转折点："好，我有一个问题——我们现在应该做什么研究？"

"我想了解更多关于创造力的东西。我们可以做一些认知测试，但我们还需要生物标记物。"斯特雷耶说。

阿特·克雷默发现了一个很好的标记物——脑源性神经营养因子（BDNF），这种物质就像肥料一样滋养着大脑。人处在自然环境中会不会也释放出一些类似的可见的分子呢？直到现在，不管是在真实世界中还是在顶尖的实验室条件中，要想观察大脑的内部构造还都非常困难。一些研究显示，置身于大自然会降低前额皮质中血红蛋白（一种血液中氧气的载体）的数量。科学家对血液的去处仍有不同意见。至少，一次核磁共振研究（使用的是自然图片）显示，血液流向了脑岛和前扣带回中和压力、共情、自由思考有关的部位[40]。而当相同的受试者观看城市图片时，更多的血液则流向了和恐惧、焦虑相关的杏仁核。

斯特雷耶希望了解经历过恢复作用后大脑的样子。它是否可见呢？在真实世界中与使用照片研究的实验室中是否有差别？在讨论过后，格萨里提出使用脑电图来测量脑波，尤其是前正中区塞塔波（θ波）。这种波是可靠的大脑执行中心活动的标志，如果在自然中水平降低，则可以证实受试者在旅途中有较少的顶底反应、较多的底顶反应、较少的执行网络、较多的默认网络。这就意味着大脑额叶得到了休息。

"非常好！"格萨里说。

之后，他们还进行了讨论。斯特雷耶更喜欢实地考察的数据，不喜欢实验室的。他想让工作人员都在真实的大自然中带上仪器帽子，而不要在空调房里看自然的照片。然而克雷默和格萨里更喜欢能控制环境变量的实验室。所以克雷默想要离开摩押城，他计划研究人们在实验室跑步机上时，观看虚拟现实呈现的自然和城市风景对创造性的不同影响。我这里做了笔记，要继续跟进。

"实地考察很乱，这是肯定的，"斯特雷耶就实地研究表达了态度，"在实验室里的确可以做研究，但为了研究实地环境之下的效果，你必须亲自来这里。有人还说我们没办法测量真实世界中开车和分心的关系，因为变量实在太多了，但我们连这都做到了。"斯特雷耶留下了几条实验的想法：一组实验是在植物园中做行走测验来衡量创造力，另一组是在野外使用脑电图测量。我是必须要知道这个实验的结果的。

格萨里其实有做另外一个研究的打算。在路上感受到卡普兰式的效果后，他认为大自然还是有价值的。自然可以改善的并不是我们欣赏自然的方式，而是使用科技的方式。"我真正想研究的，是大脑如何能够实现效率最大化，"他说，"如果我想要开发一款软件去提升认知，那么在虚拟自然中定期添加修复的时段如何？和健身一样，每组动作之间都需要间隔。人们都知道打游戏也不能时间太长，不然大脑会不舒服。这些不同种类的休息是一样的吗？我要试试自然的效果。"

同时，阿奇利夫妇也会做实验，验证室外和室内工作对群体问题解决能力提升的差别。

我继续关注着研究结论。随着旅途的进行，我总结了几个关键的问题。如果自然环境的确有潜力影响我们的情感和认知，那么在自然环境下的时长不同，效果会有何不同呢？在自然所带来的益处中，有多少是真正来自自然的效果，而不是因为将城市和工作环境中消极的事情抛在脑后呢？此外，根据我对人体知觉体系的了解提问：我们如何在回到家中后提升我们的生活质量？

我还在不断地学习科学，所以请耐心点，等我一探究竟。但也许你可以先向格萨里学习，在落基山国家公园（Rocky Mountain National Park）寻找三趾啄木鸟的踪迹，享受大自然的益处。在月落之前，他拿出电脑，划过一张张他拍的照片给我们看。这鸟有点忸怩，最后才把自己黑白相间的脑袋从树洞里探出来。格萨里早已准备好相机，拍了下来。

"我当时等这家伙等了6个小时。"他说。

我们的队伍从集合到解散，从很多不同的角度体会了自然和大脑的奥秘。保罗·阿奇利毫无疑问受到了当晚夜空的启发，喝着饮料，享受着注意力网络中新的焦点，在那晚结束时说了一句经典的话。他说："就像有很多根手指指向月亮一样，如果你从每根手指看去，月亮的每一面都是不同的。不可能只有一种证据，科学不是这样子的。"

这些和其他新兴的研究，都有利于人们理解自然在实现人类潜能中所扮演的角色，形成研究的前沿领域，其中大部分都利用了大脑成像的技术。随着越来越多关于如何让人更开心、大脑如何运转更流畅的线索出现，这些信息都可以引入公共决策、城市规划和建筑设计当中。该领域的研究对学校、医院、监狱和公共住房都意义重大。想象一下，我们可以有更大的窗户、更多的城市树木，强制性地躺在草地上进行活动，休息的时候听听鸟叫……格萨里如果研究成功，我们更有可能不再需要亲自感受，就能享受到有效、愉快的自然补充品。当然了，这种方式是很典型的西方做法，控制环境，不需要付出就能感受到自然。

　　对我来说，我更倾向于找到一种东西方结合的做法，我会在韩国继续探索。韩国围绕感官有着丰富又流行的健康哲学，尤其是建立在日本的研究之上的对嗅觉的重视。这里将是开启下一章节的好地方，因为韩国很关注周边环境对人的直接益处。

第二章

身边的自然：

最开始的五分钟

3

生之味

我记不清有多少次我和父母出游，

他们总在黎明时把我叫醒，必须要看那讨厌的日出。[41]

—— 洪又妮《韩流重袭！》（ *The Birth of Korean Cool* ）

　　朴贤秀一点儿也不像在接受化疗的人。41 岁的他满头黑发，徒步的速度也可以超过任何人，但他这次选择慢慢来。我和他是在一次简单的野餐之后认识的，我们吃了八种不同的泡菜和一盘切得整整齐齐的自制豆腐。豆腐吃起来就好像同时咀嚼空气和泥土一样，吸收了天地精华。但泡菜的味道却和鞭炮差不多。每一片白菜、苏子叶、小萝卜和叫不出名的蔬菜都被辣椒、凤尾鱼酱和蒜蓉裹得严严实实。我只夹了一点点泡菜，豆腐则吃得特别多。按韩国菜讲究的味道均衡来看，我明显是太不均衡了，正如很多美国人一样。我们喜欢清淡的食物。我觉得有必要快步走走，但没法走了。

首先是因为我们喝了茶。朴贤秀并不像一位护林员，倒像是护林员兼巫医。不过，他官方的职业描述还挺符合这样的"人设"。他是韩国山林厅的一批新员工之一，被称作森林康复师。实际上他还为此专门读过研究生，经历过严苛的入学考核。然而他并不是一直以来都有这样的伟大抱负，和很多韩国人一样，职业初期任职于一家企业。他一开始是在首尔南部的一家距家几小时车程的诊所担任总经理，34岁的时候，被诊断出患有慢性髓性白血病。他和妻子有三个小孩。他在周边树林里寻求平和和康复，效果十分显著，因此决定将一生都投入这片柏树林中。他在山上有个房子，自己也处于韩国对大自然治愈作用研究的前沿。而这项研究开始于自然最直接的感官效应。

朴贤秀在长城郡疗养森林的游客中心停车场迎接了我和我的翻译，领我们进去。建筑是新的，由黄色木料建成，气味让人想起芬芳又带有一丝苦味的日本扁柏，颇有松脂和圣诞树的感觉。朴贤秀为会议室里低矮的桌子表示了歉意，问我是否介意在地上盘腿而坐。"当然不介意！"我回答说。并不是所有美国人的腿都僵硬得盘不起来。我们喝了当地夏天的安息香树花茶，坐了20分钟，我必须得换个姿势坐了，这又一次激荡起我想出去走走的愿望。他当时正在跟我说，每个月来到这里的两千到三千个游客中，包括每天三到四个游客团，是特别为了治愈某种疾病而来的，其中包括癌症患者、过敏儿童以及待产的女子及其伴侣等。他们参与的项目不同，所做的活动也不同，可能会做有引导的冥想、木工活和茶道。但是，所有活动都围绕着一个中心——在扁柏林中漫步。是的，请快快开始吧！

我慢慢从地上爬起来，摇晃着进入生理学房间。和所有参与者一样，我会在项目前后测量自己的压力水平。而我的项目，就是进行一场散步，很快地呼吸一下柏树林里的气息，以及做几次深呼吸。因为这和以前一样，要我做完全的放松实在是没有时间。我在韩国的一周时间，被森林探访和与科学家的会面塞得满满当当。今天，我甚至可以把自己的项目叫作微型时差加豆腐康复计划了。我的翻译申晨星[①]甚至比我更忙，因为她得照顾我每一次的谈话交流，与此同时还得帮我回复邮件和约定本周后期的会面。她已经42岁了，孩子也长大了，她也得在林间散会儿步。"我不怎么锻炼，弗洛伦丝。"她有些焦虑地说。

我们测了血压，又用一个塑料夹子把指头夹住——测量心率变异性（HRV）。韩国山林厅会将所有档案保存起来，汇编成一个研究用的大数据库。个人在穿越不同的森林和设施时，将可以一直跟踪自己的体征数据。他们应该可以判断出，一个人每周在森林散一次步是否可以保持较低的血压，或者他们是否可以在自己的疗养方法中加入更多的树叶橡子拼贴画。这个项目的确符合韩国人的方式，目标真的十分宏大。正如三星超越了苹果，韩国流行乐（K-Pop）也试图用其起源于美国的流行乐模式统治亚洲。韩国在森林疗法实验和理论方面都将赶超日

---

① 原文"Sepial"，为韩文名"处벌"的英文音译，"晨星"为其惯用中文译名。——译者注

本。在这里，森林浴叫作"삼림욕"。

长城郡现在是韩国三大官方疗养森林之一，而未来两年韩国会增加34个疗养森林。这意味着大部分大城镇都可以和这些森林相连。我们所在的这片以柏树为主的森林，只是璀璨群星当中的一颗。最终，我可以出发去森林了。我们先是在林中一条宽阔的土路上散步，然后从一条分支走到一条窄窄的但维护得很好的人行路，绕着海拔2900英尺①的祝灵山行走。我们经过了一个示意牌，上面说树林比城市和建筑的含氧量都高。但我怀疑随着海拔升高，空气变得稀薄，这样的效果是不是就抵消了。

朴贤秀的穿着看起来很像中国式睡衣，胸口有一块木质圆形姓名牌。他一路温文尔雅地叙述着这片土地的历史。二战前后，这里的山上和韩国其他很多地方一样，寸草不生。首先是日本人，他们从1910年开始将韩国并入日本统治，伐木取材。战后，韩国国民也大肆寻找还能做燃料的木材。那个时代非常可怕，韩国人均GDP是100美元，甚至比非洲的加纳还低[42]。三分之一的韩国人都无家可归[43]。因为缺少树木来稳固山脉的土壤，泥石流和山体滑坡非常常见。20世纪60年代，韩国开始大力重新种植树木。因为日本扁柏生长迅速，而且对于驱虫有着神秘的能力，所以它成了韩国人钟爱的树种。现在，长城郡的日本扁柏覆盖率达到了88%，而且这些树木都长得足够巨大。

---

① 1英尺 ≈ 30.5厘米。

这些树木让昆虫不能接近，韩国山林厅对其这种能力十分关注。它们的气味特别好闻，走在长城郡中就像穿越一个风景如画的装满薄荷膏的瓶子。这些树木是否会显著增加供氧量我们不知道，但的确让人有这样的感觉，它们刷新气味感官并让每一个细胞都填满森林的精华，使其健康又精力充沛。罗伯特·路易斯·史蒂文森①（Robert Louis Stevenson）就曾经说过："因为空气的质量，因为老树散发的味道，美妙地拯救了疲惫的灵魂，使之焕然一新。"⁴⁴他的鼻子一定没问题。戴维·赫伯特·劳伦斯（David Herbert Lawrence）也是一样，他写过："松树的香气令人兴奋……持久地敏锐……我意识到它极大地改变了我。我甚至还意识到我的血液里流淌着一股一股从树上获得的能量，我越来越像大树，越来越茂盛，松香越来越浓郁……"⁴⁵

显然，对松柏的喜爱不是亚洲特有的。其因抗腐蚀性强，色调暖，气味香，在全世界都广受赞誉。古埃及人用此类木材陈放木乃伊。人们曾经甚至认为柏木比黄铜的保存期还要长，因此也有了柏拉图《法律篇》的重印本。因为长城郡扁柏琥珀色的树皮和快速生长的绿叶，整个城市都让人感觉格外舒服，而且风格非常统一。因为我在日本森林漫步时，看到过各种各样的阔叶树、柏树，还有当地的常青树。但在长城郡，只有这一种树木。

① 罗伯特·路易斯·史蒂文森：19世纪英国著名的小说家，新浪漫主义的代表作家之一，在英国文学史上具有重大的影响力。——译者注

根据我的理解，在亚洲，对大自然夹带一些妥协也是可以的，并不是只有爱默生式的纯洁才能够被认为是圣洁的。我向朴贤秀询问这里的野生动物情况，他承认这里并没有很多大型哺乳动物，大部分都被猎杀或随着栖息地的变化而迁移，进入了朝韩非军事区。那片地区的生物资源出人意料地丰富。几十年来，人们都无法踏入那片160英里长、2.5英里宽的缓冲区，使得它成了建立国际和平公园的一个候选位置，只要朝鲜、韩国意见统一即可。

这里的树木虽然少了一些生物多样性，但在感官的愉悦和越来越大的药用价值上有所弥补。"这里有250万棵树。"朴贤秀说。树林间有一股微妙的薄雾，正是我们闻到的气溶胶。在大气中，这些物质发挥的是云种散播的功能，能帮森林控制湿度。但我们的康复师关注的还是其医疗作用，他说："植物杀菌素是抗菌的。"尽管很多次这样做了，但他还是继续引用宫崎在日本的研究说："这些物质会降低53%的压力水平，并会将血压降低5%到7%。土壤也对康复有积极的作用。抗生素和土臭素对治疗癌症有效。"据我了解，土臭素会在雨后让土壤产生一种特别的好闻味道。和很多抗生素一样，它是一种萜类物质。萜是一大类有香味的碳氢化合物，也是自然树脂的主要成分。（恰巧它也是啤酒花的成分，能让黑啤酒有丰富的口感和香味。）

土臭素来源于土壤有机体，尤其是链霉菌属生物，它们是生成很多抗生素的关键。据英国皇家化学学会（Royal Society of Chemistry）研究，人对这种物质的气味十分敏感，一个游泳场中只要有7滴，我们就可以感觉到。这种感觉可能反映了人类一个重要的进化适应过程，因为正是它指引我们口渴的祖先寻找到了水源。这或许也可以解释为什么它的出现可以让人放松。骆驼可能比人更享受这种物质带来的快乐。2007年，英国诺威奇的科学家基思·卡特（Keith Carter）对天蓝色链霉菌（*Streptomyces coelicolor*）做了基因测序，他认为骆驼可以闻到几英里以外绿洲的土臭素气味。作为对有益的寄宿服务的回报，一些细菌孢子可以在骆驼身上搭个便车前往下一个有水的地方。土臭素的味道就是生存的味道。

所以，韩国和日本处于全球森林气味学研究的前沿也毫不奇怪。这里不仅有李卿的自然杀伤细胞理论，还有恒次祐子——一位年轻的心理学家，她是日本森林综合研究所（Forestry and Forest Products Research Institute）构造利用研究领域的主任研究员。在她的研究中，她给52个婴儿设置了松萜和柠檬烯的雾状环境，这两种物质都是扁柏中的主要物质。结果发现，松萜很快就让受试者的心率降低了4个点，而柠檬烯组和控制组的心率没有变化。

我在日本医科大学李卿的实验室时（您可能还记得，他曾让受试者在酒店房间里与挥发的扁柏树精油共处三天），他给我展示过一些能立即见效的物质。我把胳膊放在血压计上，他拧开了一瓶扁柏树精油。"这个可有'毒'！"他笑道，"效果极好，但是特别毒。"我吸了一口瓶子里的气体，精油散发出一种美妙的、浓烈的、刺鼻的香味。盖子一合，再次量血压，已经降了 12 个点。

我看着李卿，他高兴地点点头："效果很强，强于各种药品！"

此时此地，在由政府资助的韩国森林研究所（Korea Forest Research Institute）中，科学家们正提取精油，研究它们对抗过敏的效果和杀死葡萄球菌的能力。他们的研究成果证明，松类精油可以抵御过敏性皮肤病（以低浓度敷在皮肤上），通过降低皮质醇水平来减轻压力（吸入时），以及减轻哮喘的症状（同上）。日本扁柏树精油的主要成分包括苡酮、萜烯、蒎烯、草烯、柠檬烯和桧烯，根据季节的不同以及采样位置的不同而有一定变化。桧烯似乎对于治疗哮喘尤为有用[46]，萜烯则对细菌感染和压力有效。

我可能一直没有积极关注过自身的细菌感染情况，但走了几分钟后，我变得比以往更加精神了。我们走到一处湿地停了下来，湿地两端由一个木板走道连接，两边长满了山茱萸。朴贤秀指着一棵香茅和一棵日本香柏，像之前一样，对我称赞了它们的抗感染属性，接着让我们闭上眼睛做个深呼吸，然后引导我们做了几次舒缓的身体拉伸。翻译晨星将自己的笔记本揣进风衣内袋。我们将胳膊举过头顶，放下来，再举起，同时慢慢呼吸。鸟儿叽叽喳喳，风从高高的枝叶穿过，阳光里都混合着秋天凉爽的味道。他让我们看着路前面那宁静的水面。"看着湖里树的倒影，这对大脑有好处。这就是你的内心，深呼吸。你看到的树木可能是真的，也可能是假的，只是倒影。这就像你的内心。对患有抑郁症的人来说，抑郁可能只是想象，其实没有真实存在。你可以从内心中把情感分离开来。"

也许只是翻译效果的问题，但是事情好像从可计量的科学慢慢过渡到一个很奇怪的领域。是这些神秘的事物在误导科学呢，还是它们敞开了一扇大门，让科学家进入一个并不总是让西方人感到舒服的入口？还是说，这两者都成立？我不太确定。

◇◇◇

三年来，朴贤秀每天都带着同样的心态在林间散步。"我百分百确定对我有帮助，"这位康复期的护林员说，"首次确诊时，我胆战心惊了很久。但现在我很开心，一点儿都不焦虑了。我们能向可以修复人的大自然学习。"他说，自己很感谢白血病让他找到了人生的方向。但是，我们很难确定到底是什么让朴贤秀和蜂拥而至的人受益。难道是锻炼身体？朴贤秀带着可以测算步数的手环，每天都要走一万五千步，大约六英里。他也的确相信森林会治愈他，信仰的力量很难低估。

这种效果也可能是有传染性的。朴贤秀是一位很有说服力的教师，他想要帮助他人缓解压力，让他们做一些更有意义的事情，而不是经受学习和工作的碾压。他并不强迫自己的孩子去上时兴的课外补习班，放弃体育锻炼、玩耍或者消磨时间。他的长子现在正在一所林业高中学习森林管理。

朴贤秀告诉我，他认为韩国已经爬上"压力的顶峰"了，这个想法很有趣。韩国摆脱了贫困[47]，又熬过了几轮独裁统治，现在已经成为最富裕的民主国家之一，是世界第十一大经济体（2015年数据）。98%的韩国人完成了高等教育[48]，该比例在全世界高居首位。但是这样的经济飞跃是建立在巨大代价之上的。韩国人每年的平均工时为2193小时，同样位居经济合作与发展组织（OECD）国家之首。根据韩国超大用人单位之一三星的一项调查，超过70%的人都认为工作使其抑郁。

问题并不局限于工作。96%的高中生都感到没有得到足够的睡眠。一项2011年的调查发现，87.9%的高中生"在过去一周"感到压力大。而日本、中国和美国的青少年，相应人群只有其一半的比例。据延世大学的研究者说，韩国学生是所有工业化国家中最不幸福的。韩国是一个精神疾病患者高度被歧视的国家，也是世界自杀率最高的国家[49]。

然而现在，他们在安全和物质方面已取得一定成功，一些韩国人也在积极地寻找快乐。韩国正不断地塑造自己的SPA和化妆品文化，并越发向往神秘无穷的山脉和深藏于历史的森林。自公元4世纪传入以来，佛教就与朝鲜半岛当地古老的讲究万物有灵的萨满教很好地融合在一起。在韩国，最为强大的神灵是山神[50]。同样，树木也在很长一段时期内被尊为人类和村庄的守护神[51]。

但是，到了14世纪，讲求克己复礼、社会责任以及职业道德的中国儒家思想，被韩国统治者采纳为辅佐国家发展的政治哲学。再到现在，韩国存在两个对立面之间不稳定、不对等的和谐：一面是兜售科技、竞争和阶级秩序的体系，另一面是重视大自然、万物有灵的苍穹。

洪又妮在《韩流重袭！》中解释了一个古老的谚语——"身

土不二"[52]。对，是"土"而不是"心"。"这个概念的诞生比儒家或任何其他官方信仰都早，"她写道，"这也是它和首尔今天的模样如此不协调的原因——遍地是摩天大楼，很少有空地。"

虽然很多韩国人都对心理疗法感到不适，但他们对一些传统萨满巫师兼任的康复师还是非常信赖的，韩国人称他们为"m-u-s-o-k-i-n"。据估计，80%的韩国人都以某种方式比较宽泛地信奉着萨满教，但同时将自己看作基督徒、佛教徒或无宗教信仰者。

这就导致，今天森林小径上已经开始涌现面色苍白、来自城市的周末难民了，他们和晨星与我没有什么不同。在大约一个半小时轻松的散步之后，我们绕回了游客中心。坦然地把胳膊又塞进机器里检查一下，我的血压从111/73mmHg降到了107/61mmHg，暂且先给自然记上一分；晨星的情况不同，血压不降反升，我的HRV数据也没有在这足足90分钟的项目过后有足够的进步。朴贤秀坐了下来，跟我们核对数据表格。这些韩国的图表上，复杂的数据点散落在轴的上下。朴贤秀看着晨星的数据，解释说是因为她平时不常锻炼身体，90分钟的散步反而让她在生理上承受了更多压力。"你需要多加锻炼。"他说。这好像在逻辑上说得过去。但这难道不是医生常说的话吗？

关于我的情况，朴贤秀说虽然我的总体压力水平看起来较健康，但数据表明我的交感神经系统和副交感神经系统是处于不平衡状态的。我知道如何让自己通过锻炼和活动得到刺激，但是要起到抑制作用不太容易。换句话说，晨星和我正好相反。

"药物对你来说或许有帮助。"他告诉我。更糟的是，HRV测试显示我的血管很粗。我已经有一些血管硬化的征兆。任何时候你听到"硬化"这两个字，都不是件好事。人的血管会随着年龄的增长自然硬化，降低弹性，因此血液供氧时就很难在神经系统里到达每一个细微的位置。"你必须控制饮食了。"朴贤秀说。好，那就多吃点泡菜吧！

◇ ◇ ◇

如果你让一个对幸福的概念理解得相当激进的人去制定国家策略，结果会怎么样呢？答案或许可以在不丹王国体现，在这里，国王和他刚刚退位的父亲会在山上骑车，他们脸上带着满足的笑容，同时鼓励民众学习他们的做法；答案还可能在新加坡找到，因为新加坡前总理李光耀曾下令让学校免费，解决住房问题，并在全国种植100多万棵树；答案也可能更会在韩国——那位脸上露出笑容的人是有影响力的学者申元燮。

为了了解韩国利用森林促进幸福健康所做的努力，我访问了韩国山林厅位于大田的总部。大田是一个新兴的高新技术城市，在这里我遇到了日本森林浴项目中我的联系人李珠永，他从日本过来，担任韩国山林厅的森林福利设施部门的研究员。韩国的森林机构居然还能有专门的森林的"福利部门"，而全世界林业部门的主要目标大多仅是促进森林的砍伐。两年前我刚认识李珠永的时候，他还是那个在山坡上打蚊子、在我额头上拔插测试用的感应设备的小助理。但这时，他已经是身穿时髦西装、坐在摩天大楼充满粉色隔板的办公室里的研究员了。

（我并不清楚粉色的意义，但我不得不提首尔近期花费了1亿美元粉刷女性专用停车位。这些位置本来应该能让女性开心，但它们又长又宽，非但没有让女性开心，反而让她们感觉受到冒犯——似乎在嘲讽她们的驾驶技术。）

　　李珠永陪我从粉色迷宫一样的隔间区，一直走到外面更宽敞的办公室，这里的主人是当时的山林厅厅长申元燮博士。申博士和我握手，并用一杯精美的清茶招待了我。他的性格很活泼，仿佛并不相信自己能享有在大办公室工作的运气。他上升至高层管理的路径并不是通过普通的林业管理工作，而是由于他的心理学研究，主题诸如"与森林的互动对认知功能的影响"及"森林体验对自我实现的影响"等。说到研究，他在多伦多大学发表了一篇论文，研究的是参加由美国国家户外领导学校（National Outdoor Leadership School）组织的五周野外课程后参与者的变化，研究结果具有深刻意义。他深受密歇根大学卡普兰夫妇的影响，后成为忠北大学的社会森林学教授。这所大学是世界上唯一开设森林康复学位的大学。他说，在研究初期，"我们探讨了诸多问题，例如如何能客观地测量森林的益处，以及最好的生物标记物是什么"。

　　显然，这份努力有了收获。申博士的优势地位和韩国的新项目，都凸显出韩国分外重视自然和健康之间日益增多的关系。当前韩国的国家森林计划（National Forest Plan）是"要建成一个绿色的福利国家，使整个国家都能享受福祉"。正如申博士所说，幸福已经纳入全国指数。该计划的结果很明显：2010年到2013年，韩国国家森林的访客数量从940万增长到了1270万，相当于朝鲜半岛六分之一的人口（但与此同时，美国的国家森林访客数量降低了25%）。现在，韩国山林厅已经开始提供各种各样的活动，从森林产前培训班、森林幼儿园，一直到林葬服务，涉及人的一生。就连学校里的"小恶霸"，也可以送到森林里待两天，这样他们就会学得乖一点。就美国的情况来说，或许还可以为男人们加上在森林里打猎、喝杰克丹尼威士忌等活动。在韩国，人们做的则是瑜伽的下犬式动作和花卉拼图。这周的早些时候，我在国立山阴自然休养林中，看到一个为患有创伤后应激障碍（PTSD）的消防员设计的森林疗养项目，参与者在森林里做双人瑜伽，并给搭档的前臂用薰衣草精油做按摩。

有关森林治愈效果的数据逐渐增多。韩国研究者们发现的结论包括：参加两周的森林项目后，患有乳腺癌的女性的免疫细胞T细胞数量会上升，且效果会持续两周；在自然环境（相较于城市环境）下的身体锻炼效果更好，并会增加坚持锻炼的可能性；未婚先孕的母亲在参加产前培训后，会显著减少抑郁和焦虑的症状。

申博士告诉我，现在需要的是关于个体疾病和真正产生效果的自然特性的更充分的数据。"到底在森林当中有哪些对人体生理有益处的主要因素？什么类型的森林是更有效的？"他问道，"以及如何让人们对此更加感兴趣？如何才能将森林的作用应用到医疗和保险领域？"根据韩国山林厅的估计，森林疗养会减少医疗支出、增加就业并助推当地经济。

除了指定和建设官方的疗养森林以外，韩国山林厅还正在地标性的小白山国立公园旁，耗资1亿美元建设一个综合森林疗养设施，其中涵盖了水上中心、戒瘾中心、"赤脚花园"、草本花园、露天平台、吊桥和50公里的路径。这简直就是一个迪士尼乐园加夏令营的综合体！别忘了，虽然韩国人可能非常追求精神的意义，但他们也非常务实。在这里对重回自然的倡导大部分其实都是一种消费主义，虽然是带有医疗目的的消费主义。森林的发展其实是一种公私伙伴关系（PPP），因为在这里，房地产和度假区投资会产生利润，商店会出售植物素（"扁柏沐浴精油，有人要吗？"），人们回到工作和学习中后也会更有效率。

我游览过一个混合型的未来胜地，名叫仙村。在来到山阴旁边的这一田园度假村后，有人给了我一条在这里要穿的连衫裤。我穿上了它，加入赤脚爬山的队列中，等待着按摩和填满自助餐盘。这里的礼品店简直是扁柏的天堂，有各种雾化加湿器和包装精美的甘油皂。我最终也买了一管含有植物杀菌素的牙膏，不过它用起来的感觉就像是用后槽牙来咬节日花环一样，很难受。但这还不是我决定放弃用它的原因，我其实一直耿耿于怀的是植物杀菌素差不多就等同于杀虫剂的事实。顾名思义，"杀菌素"的"杀"就意味着它的作用很强。我能想象得到爬上树的蚂蚁以蜷缩、受尽折磨的姿态死去，还给自己的伴侣传送着信号。我宽慰自己，这里至少还可以通过翻新得到一些改变，难道我们真的希望把这里的一切都涂上植物杀菌素，并让人们前往一条"用植物杀菌素做的道路"吗？说实话，我也很怀疑香薰按摩的效果，因为对此深信不疑的人（至少在美国）也相信水晶疗法，还喜欢奇奇怪怪的鞋子。

然而，实际情况要更复杂，也更有趣一些。在探寻自然如何对人脑有益的奥秘时，嗅觉是一个一直被忽略却作用颇大的因素。视觉往往邀功受赏，但根据普鲁斯特现象①，气味才是大脑情感神经最有力的作用物。气味直接进入原始大脑，其中的杏仁核正等待着触发"战斗或逃跑"的反应机制。与感觉有关的杏仁核和储存记忆的海马体紧密联系着。在自然环境中，气味对于寻找食物和水源发挥着至关重要的作用。

不可思议的是，人类的鼻子可以嗅出1万亿种味道[53]，其中很多我们都没意识到自己正在辨别它们。很多人都知道，住在同一间宿舍的女生可以出现月经同步的现象，原因就是她们会通过鼻子相互受到信息素化学信号的影响。女性的嗅觉也可能比男性更加灵敏，而且在怀孕时更明显，因为她们要抵挡哪怕是最微小的伤害。黛安·阿克曼（Diane Ackerman）在《感官之旅》（*A Natural History of the Senses*）中说，母亲光凭气味就可以判断出哪个是自己的孩子，但父亲不行。我个人的嗅觉也是我最强的感觉，我会比我丈夫先判断出一些危险的存在，比如

---

① 普鲁斯特现象（Proust Phenomenon）：记忆心理学现象，描述的是气味与记忆的关系。如果我们在少年时代闻到某种特定的味道，它就会在我们脑海里压缩成一张秘而不宣的记忆卡片，即便饱经沧桑之后再邂逅它，它也能帮我们不费吹灰之力地逆转时光。——译者注，摘自网络

有东西烧了，我的心跳会加快，这是典型的恐惧反应。

　　我们都听说过马和狗可以嗅出恐惧，其实人也可以。为了证实这一结论，研究者们收集了一些平生第一次跳伞之后的男性的内衣，与没有做过危险运动的男性的内衣，让实验参与者去闻。那些闻过跳伞后男性的内衣的人表现出压力激素的提升[54]，他们闻到了恐惧并感染了自己。嗅出恐惧对一个社会动物来说是一种出色的技能。

　　但遗憾的是，我们卓越的嗅觉可能正在退化。瑞典古遗传学家斯万特·帕博[55]（Svante Pääbo）以探索尼安德特人（Neanderthals）的基因组而闻名，并发现了他们和早期亚洲人融合，繁衍了除非洲人外的所有现代人。从基因的层面来看，他推测我们正在快速失去嗅觉。我们有一千个基因和气味接收有关，但超过半数的基因都变异为非激活状态。而野生猩猩只有大约30%的嗅觉基因没有发挥作用。可能是因为人类丢失一部分嗅觉能力也不会影响生存，所以这类基因突变才普遍存在于人体中吧。我们不再用鼻子寻找食物了，可能几家机场的肉桂卷店除外。实际上，我们也不想闻到城市生活里的种种味道吧。我们把食品放到冰箱里，但不会把垃圾放进去。这个曾经值得骄傲的超级力量正在衰落。

　　当然了，我们不再是过去的感官动物，也不再是我们驯化的动物。就一般智力而言，狼比狗聪明，家养猫也因为头骨大小和觅食的智慧而区别于野猫。那么，问题来了：我们呢？[56]我们是不是也在驯养着自己？哈佛大学原始生物学家理查德·兰厄姆（Richard Wrangham）给出的答案是肯定的。他支持的观点是，随着人类进化为更大的社会团体，人类的攻击性会渐渐减弱。人的脑容量和肌肉组织的巅峰还是在上一个冰期。人的牙齿变小了，远距离视力变差了。自从一万年前人类进入农耕社会安定下来开始，我们就在逐渐变弱，从某种层面来说，也变得更傻了。在多变的野外环境中需要做出快速应对的感官神经，也已经放松了下来。的确，我们在一些方面也变得好了，比方说在交通转盘处的相互礼让，还有发短信时手指和眼睛的配合能力。科学家证明，伦敦出租车司机在大脑中构建城市的同时，海马体也在增大。我们自己的大脑在不断适应着现代生活，甚至前一年和后一年都不太一样。但这反映的是大脑的灵活性，而不是进化。我们目前的生活和大脑之间的不匹配中，主要的受害者其实是我们旧石器时代的神经系统。所以这也是我们遇到特别好闻的气味时会非常开心的原因，这就好像突然在衣柜里穿越了，来到了奇幻的"纳尼亚世界"。

◇◇◇

气味对我们的作用很强，因为鼻子和大脑只有一步之遥。所以很多药物都是直接用来吸的。从鼻子进入的一定大小的分子，可以跨越血脑屏障直接进入脑灰质。虽然这段捷径对制药厂是件好事，但在一个充满污染的世界中，它的益处就没那么大了。科学家早就知道，来自柴油等的颗粒物会造成心血管和肺部疾病，从而缩短人的寿命。从尾气或包括明火和烹饪在内的其他燃烧反应中释放的微小颗粒——黑碳，每年都会造成全世界210万人过早死亡[57]。科学家也早就明确，肺是污染中的首要受害器官。但直到最近，他们才开始意识到鼻子作为通往大脑的高速公路的作用。2003年，鼻子和大脑之间的连接关系被人们发现，当时在雾霾笼罩的墨西哥城，研究者们发现流浪狗大脑中发生了奇怪的机能障碍[58]。

这让人焦躁不安，因为我们在被各种微粒污染物笼罩着。这很可能是去树林会让我们感觉更好、更灵活的一个重要因素。城市森林产生的潮湿微气候让树叶浸在微粒污染物中。树下，土壤中的有机碳又可以和空中飘浮的颗粒物结合，同时可以在风暴中清洁地表水。2014年的一项研究表明，美国的树木平均每年可以消除1740万吨空气污染，产生价值68亿美元的健康收益。

我很好奇自己居住的环境空气怎么样。在出发来韩国之前，我从哥伦比亚大学拉蒙-多哈堤地球观测站（Lamont-Doherty Earth Observatory）借了一个便携的黑碳仪①，这个仪器的英文名字"aethalometer"在希腊文中的意思是"用煤烟熏黑"。我将它放进我斜条纹上衣的口袋里，长长的感应器从衣领伸出去，就像调皮的猴子一样。我揣着它在华盛顿特区待了三天，继续着我每天日常的工作、走路和开车。观测站暴露评估核心实验室（Exposure Assessment Facility Core）的主任史蒂夫·奇尔拉德（Steve Chillrud）帮我把数据和我手机上的一个实时GPS跟

---

① 黑碳仪是实时监测大气吸光性气溶胶粒子中的黑碳或元素碳的最先进的科学仪器。——译者注

踪软件连通，并分析了数据。不出意料，我在首都环城公路上[①]开车时，即便是非高峰时段，也测到了6000纳克/立方米的数值。然而更惊人的是，我在孩子学校的停车场测得的数值也这么高，即便当时汽车和大巴都停着不动，等待着学生放学。美国19%的人都居住在车流量大的马路旁[59]，大多数城市都不会检测这种走廊地带的空气质量。

不管收入如何，住得离马路越近，患孤独症、中风及老年痴呆的概率就越大。虽然原因我们尚不知晓，但很多科学家都怀疑这与微粒导致组织炎症和改变大脑免疫细胞中基因的表达有关。"柴油大巴开过去的时候，我会屏住呼吸。"米歇尔·布洛克（Michelle Block）说。她是一位神经生物学家，在弗吉尼亚联邦大学（Virginia Commonwealth University）研究污染对小神经胶质细胞的影响。这又给我们提供了一个在林子里生活的理由。

既然一些通过鼻子进入大脑的分子是坏的，那么另外一些肯定是好的。我们几千年前就知道，气味可以影响人的情绪、行为和健康。香薰按摩或用香料治愈伤痛的方法，可以追溯到古埃及时期。据说聪颖机智的埃及艳后克利奥帕特拉七世（Cleopatra VII）就用玫瑰花瓣色诱过恺撒大帝手下的安东尼[60]。讲得更现实一点，零售商店和消费品制造商一般都知道如何好好利用鼻子和大脑的关系。这一领域的学者就曾经讲过好闻的

---

① 即495号州际公路。——译者注

味道会刺激"趋向行为"[61]（approach behavior）。如果一家店铺的味道好闻，人们就会进店停留[62]。在一项研究中，研究参与者会在闻到柑橘的味道时，更认真地清理自己吃过午餐的桌面。甚至清洁剂的味道也会改变我们的行为。研究中，比起中性味道的房间，用刺激性更大的喷雾喷过的房间中，实验对象表现出更强的意愿去做志愿服务和为一项事业捐赠金钱[63]。因此我们可以提出一个假设——"清洁"的味道会让人更有进取心。谁曾知道：清洁剂原来是美德的味道。

我们所谓的春天的味道，实际上是林间的气溶胶的味道。当气温上升时，树枝和叶子之间的生物化学反应也会加快。常青树林在仲夏时节的气味最浓，害虫也最为忙碌。松树中的赤松素和柏树中的萜类物质都有轻微的镇静作用，并会增强人的呼吸功能，帮助我们放松[64]。

尽管香薰疗法是现在缓解焦虑最流行的替代性方法[65]，但其还没有得到大规模的研究和临床试验。2011年的一项研究在文献综述中提到，尽管大多数研究都显示出了有益的效果，但很难梳理出安慰剂效应在大多数研究中的作用。不过，论文作者在结论中表示，它是"一种合适和安全的干预措施"[66]。那之后，一项大型研究发现，英国NHS（National Health Service，国民医疗服务体系）中80%的癌症患者在使用"香品"时都感到焦虑显著减轻[67]，其效果比安慰剂大得多，但作者还是不知道气味是如何起到作用的。还有一些研究表明，类似薰衣草和迷迭香的香味可以降低皮质醇水平和流向心脏的血流速度[68]。

如果你相信一件事物可以让你感觉更好，你的感觉通常是对的。想象力是一种强大的治疗药品。此外，如果帮助我们的不一定是自然，而是其他东西的缺失呢？在这片扁柏林中走着，呼吸着新鲜的空气，我不禁怀疑，这些树木产生神秘功效，是否只因我们远离了城市呢？因为空气污染对人有害，那远离城市，即便是开车在乡下的停车场待一会儿，也会让人受益。一项面向400名伦敦人的研究发现，在每平方米的空间加10毫克二氧化氮污染物时，"生活满意度"就会显著降低——满分11分的话仅有0.5分[69]。

如果减少污染可以让人感觉更好，那就意味着噪声、拥堵、不必要的干扰，还有科技都要减少。科技，是韩国必不可少的一部分。90%的家庭都有高速网络，2013年韩国的下载速度达全球之最，比位居第二的日本还快40%，比世界平均速度快60%。韩国的电竞称得上是观赏性体育运动。体育场挤满电竞迷，观看面色暗黄的电竞队员疯狂地按着键盘。

2010年，一个韩国年轻人在连续玩《星际争霸》(*StarCraft*)50个小时后猝死，促使政府限制0点到6点之间16周岁以下青少年的游戏时间。根据韩国信息化振兴院(National Information Society Agency)的数据，8%的40周岁以下韩国人游戏成瘾，9到12岁的则有14%。韩国政府花费了数十亿韩元做心理辅导，并就长时间注视屏幕的危害进行科普教育，其中包括学习成绩下滑、睡眠质量差以及家庭不睦。此外，成年人的症状与青少年略有不同。一项对500名办公室职员的调查发现，手

机使他们无精打采（32.7%）、视力下降（32.5%）、手指疼痛
（18.8%）。成瘾这个词有争议性，但有一些调查问卷的选项可
以帮助人们辨别加重压力的信号。猝死就是警告。

　　也许，在韩国的公园和森林中势必会出现数字戒瘾。没有
人比金周妍更加期待了。她和朴贤秀一样，也是隶属韩国山林
厅的新晋森林康复师，作为一位母亲，她十分了解年轻人的压
力和持续挣扎的韩国家庭。几年前，在她女儿14岁的时候，她
真的压力特别大。"从那时开始，"她告诉我，"孩子总是第一
位的。"每周六，金周妍都会在首尔的北汉山国立公园给13岁
以下的孩子教授数字戒瘾的课程。我在一个灿烂的秋日去感受
了一下，几百名韩国人穿着轻便的户外服，像蚁群一样爬上山。
我到达的时候，在一处隐蔽的树荫下，有7个男孩像蜥蜴一样
躺在蓝绿色的瑜伽垫上。金周妍在让他们听取自然的声音。

　　"如果你们想把游戏打得更好，就得把眼睛休息好。"金周
妍告诉他们。这些孩子的母亲在一旁徘徊着，这是十周免费课
程的第二周，她们是在首尔为自己的孩子报名的，这些孩子要
么是《英雄联盟》（League of Legends）玩得太多，要么是痴迷
玩手机。我很奇怪，为什么十岁的孩子都能有一部智能手机，
但问这个问题已经于事无补了。

　　我能看出来，金周妍的课程既是对孩子的课程，其实也是
让家长学习的机会。因为课程里包含巧妙的游戏、感官体验和
信任练习。金周妍让参与者围成圈，每个人都要握着一根齐肩
高的树枝。接着，她给出指令，所有人都要放开自己的树枝，

并及时抓住旁边人的树枝，让它不要落地，然后改变奔跑方向再来一遍。圈会变得越来越大，人们的动作也越来越快。一开始看起来很不耐烦的男孩子很快就和妈妈大声笑了起来。之后，金周妍便让母亲戴上眼罩，教孩子们引导自己的母亲。

"妈妈一直在照顾你，所以我也给大家一个照顾妈妈的机会，"她向孩子们解释说，"你们要带妈妈去一个不是很安全的地方，那里有很多石头和树枝。"孩子们要么在前面领着妈妈，要么在旁边指导，他们在一个地方小心地走过，然后前往下一个地方。"通常来说，父母会按照自己的意愿拽着自己的孩子走来走去，"金周妍告诉妈妈们，"尽管你的意图是好的，但跟随的人一点儿选择权都没有。别说太多，放轻松。如果前面有树，孩子是知道的，不要太担心，让孩子引导，给他们一些空间。"

在这之后，金周妍和她的助理带领孩子们走到河床上方比较陡峭的一条山路上，她跟我讲，这条路既不会让他们妄自菲薄，也不会让他们骄傲自满。这个项目难及多人对战网络游戏的吸引力，但所有男孩都将注意力放在了上面。妈妈们这个时候却在后边跟着，时常停下来自拍。如果说这个项目的意义就是丑化手机，那其实妈妈们并没有树立好榜样的形象。但我知道，戒掉科技并不是项目的目标，这和完全不吃饭会得厌食症是一个道理。摒弃科技毫不现实，这些韩国孩子让我从另外一个角度明白了这个道理。对很多来到这里的孩子来说，打游戏是他们唯一可以有的娱乐方式，也是唯一不受大人监督的事情。

"学校不允许他们在外面玩。"一位家长告诉我。虽然首尔有各种各样漂亮的公园，但那里很难看到学生们的身影。操场经常都是沥青的，小而拥挤。学生们放学后还有补习课要上，留给体育运动的时间就更少了。他们的情况比美国都糟，但我必须要说，美国的孩子也好不到哪里去，他们失去了休息和玩耍的整块时间，也没有足够的时间和大人在一起。难怪他们想要在游戏中的外太空相遇呢。

金周妍想要帮这些家庭寻找一个父母和孩子之间恰当的平衡点，同时达到科技和人际互动的平衡，并为孩子的焦虑、多余能量和攻击性找到一个排解方式。她认为，花些时间在野外可以达到这个目的。"在自然中，他们必须使用所有肌肉和感官。他们构建着身体的感觉，在这一过程中他们会害怕，但同时会增强自信，更有能力独立解决问题。"

她的做法有科学依据可循。有两项韩国研究以十一二岁沉迷于"前沿科技"的青少年为实验对象，在两天的森林旅程过后，研究者发现两组青少年的皮质醇水平都降低了，而且在自我尊重的测试中有显著进步，效果也持续了两周。根据研究的第一作者——忠南大学山林环境资源学科的朴范镇教授——的调查，在森林的时间也让他们更加快乐，减少焦虑，对未来的态度更加积极。金周妍的项目结束两周后，我与朴范镇在首尔的韩国森林基金会（Korea Forest Foundation）会面喝茶。

"自尊心更强的孩子更不容易上瘾。"他告诉我。基于这项研究，他建议青春期前的孩子每两周去大自然待半天。"这项研究的意义很简单，"他说，"对这些孩子来说，在森林的时间并不会比玩电子游戏更有趣，就像水果没有垃圾食品美味一样。我们不能强迫他们不打游戏。但在我们长大的过程中，总有一个时间点能判断水果比垃圾食品更有益。他们在森林里时不能打游戏，只要森林保持趣味性，转折点就有望来得早一些。"

朴范镇非常赞赏通过工作和学校的项目让市民走进森林的国家计划。韩国两到三代人生活在城市的时间已经够久了，他们不一定知道假如自己到了森林应该干什么。按照儒家传统讲究的师生文化，聘用护林员、引导员和划分特定的空间是合乎常理的。比方说，告知人们此山坡用于疗养、此处仅供娱乐、在此处扎营等。朴范镇指出，很多韩国人都没有回归自然的意愿，所以尽早让孩子在自然中有舒适的感觉是尤为重要的。值得一提的是，爱德华·威尔逊也认为亲生命效应的最佳感受时机就是青春期之前。

倡导森林的运动来得正是时候，朴范镇说。他一直担心自然在代际传递中消亡："现在的孩子和年轻一代都没怎么体验过自然，以至于很多人都觉得森林要么很脏，要么很吓人。如果我们现在不改变他们的想法，将来就没机会了。"朴范镇刚五十岁出头，也是在城市中长大的，几乎没有户外活动经历。基于对这个问题的认识，他会定期带着自己的孩子远足。

自然——某种意义上不受欢迎的地方，成了朴范镇躲避疾病的避难所。这是一种反城市主义，即便有时这种精神因城市才出现。"城市是人类的动物园，我认为学校也是，"他继续说，"我们无法抛弃城市和教育系统，所以森林是将自己圈养在动物园中的人唯一的出路。"

如果连韩国人都能学会爱自然，那也许对所有人来说这都是小菜一碟了。

4

鸟之脑

绝大多数人从来都不会倾听。[70]

——欧内斯特·海明威（Ernest Hemingway）

夏天时分，我试图寻找一片安宁。我头顶着一台便携脑电图机在不同的情景中做了尝试，想要找到期待已久的，也是禅宗大师、诗人和冲浪者向往的，"平静、清醒"的大脑状态。我寻找的是 α 波。脑波波长满足 α 波的条件，这意味着你没有被一些小的事情打扰，也并不忙着解决问题，或是面对我最大的痛苦——做饭。不管在家里照顾孩子还是照顾谁，都要做出穷无尽、繁杂琐碎的决定。通常我承担家务的时候，总是可以听到自己脑袋里的 α 波噼里啪啦地毁掉，感觉像是油炸大脑一般。

除了日常的琐事，环境噪声也在阻碍着 α 波的形成。因为我们必须注意不断闯入注意力的东西，还得积极地抗拒，避免大脑去注意这些干扰，这些都是要做的事。我在家附近的城市公园没有得到 α 波，就连在缅因州枝繁叶茂的乡村道路上效果也不好，也许是因为附近工地的噪声吵得我很不耐烦。我之后通过脑电图软件得知："这个状态意味着你在积极处理信息，也许你应该多放松一些！"

就连软件也在冲我吼叫，我想要吼回去，但这不对，生气的时候是绝对没有 α 波的。

然而更糟的现实是，整个世界都越来越吵了。

你能听到吗？噪声是人们不希望听到的声音，而且人类活动的噪声等级大约每30年就会翻一番，比人口增长的速度快[71]。美国道路的交通流量从1970年到2007年增加了两倍[72]。据美国国家公园管理局（National Park Service）说，美国本土48个州有83%的土地都在距离马路3500英尺以内——足够让居民听到车辆的声音。飞机的数据则更为惊人：客运飞行航班的数量自2002年上升了25%[73]，每天有3万架商用飞机运营[74]。2012年，联邦航空管理局预测，航空运输量在未来20年会增加90%[75]。总体来说，人类活动会使背景噪声水平提高30分贝[76]。由人的活动造成的听觉环境，叫人造声景。

以上数据是戈登·汉普顿（Gordon Hempton）最不想知道的。他是华盛顿州的一位录音师，决定在美国旅游，寻找所剩不多的安静之地。他数过，整个美国本土只剩下不到12个地方，至少在黎明时有15分钟听不到人造噪声。这个标准非常低，但依然很难达到。汉普顿发现了美国最安静的地方——奥林匹克国家公园的霍河温带雨林（Hoh Rainforest）。如果你想感受没有人类的地球，那可以在北纬47° 51′959″，西经123° 52′221″，海拔678英尺处，找到用红色石头标注的长满苔藓的木头，在那里体验一番。但是，一定要早点去，要是中午才到，每小时至少会听到十几架飞机从头顶飞过。噪声可能算得上美国最普遍的污染。

在我搬到华盛顿特区之前，我从没想过飞机噪声的问题。我在纽约一座公寓的11楼居住过，城市的声音大多是柔和、有魅力的：一闪而过的墨西哥街头乐队、远处救护车的鸣笛、夏天的暴风雨。在西边，飞机越来越少，越来越远。但现在我居住的街区已经是华盛顿特区最为吵闹的地方，因为一架架飞机沿着波托马克河（Potomac River）进出里根国家机场。基本上早上每两分钟就飞过一架，噪声为55到60分贝[77]，有时候还会更高。（60分贝足以掩盖一般人说话的声音了，80分贝就可以让人耳聋。）

我在搬进来的瞬间明白了。邻居们安慰说我一定能习惯的。"一年以后，你就不会听到这些声音了。"他们说。但现在已经过了两年，我依旧能清楚地听到飞机的声音，我要被它们逼疯了。在户外吃饭很受打扰，开着后门打电话也很困难。在飞机和常规的巡视直升机之下，我觉得在河边散步就像踏入军事区一样。它们会转移我的注意力，我能看清机身的航空公司标志，有时候还能识别出边疆航空公司（Frontier Airlines）的飞机尾翼上的动物——一只野马！这就是华盛顿风格的野生动物观赏。

　　此外，街坊邻居间竞赛般的园艺噪声也令人烦心。除草机、割草机、吹叶机声声作响，还有我更受不了的圆锯机。这就是城市空间太小的痛苦，而且千篇一律。英国维多利亚时代的历史学家托马斯·卡莱尔（Thomas Carlyle）在伦敦的书房撰写《腓特烈大帝传》（*Frederick the Great*）时，从未听到汽车引擎的轰轰声，但他被鸡鸣犬吠和马车声逼得非常暴躁，花费重金将阁楼打造成隔音的房间。而这差点要了他的命，因为空间太小氧气不足[78]，他点烟的时候昏了过去，直到被女佣发现才得救。

　　查尔斯·蒙哥马利（Charles Montgomery）在《快乐城市》（*Happy City*）一书中写道："住在飞机航线下对幸福感有消极的影响……但我们不能总是以合乎逻辑的途径去应对环境刺激。"对，合乎逻辑的做法应该是赶紧搬回科罗拉多。我的邻居实际上没有错，人的确可以习惯声音，至少部分习惯。我们都听说过有人没有声音就睡不着，或是不能在安静的地方工作学习。一些作家在家中写作的时候，还会在手机上播放咖啡店的声音。我认识一位现在在乡下居住的纽约人，他还专门录了纽约14街的噪声，为的就是晚上可以更好地入睡。

　　我一直希望噪声对我没有影响，希望我能习惯噪声或得到城市声音的益处，但这都没能实现，更像一场白日梦。如果只是不再留意到某种声音，并不能说明大脑不会花费精力去应对。科学家和监管机构曾经因为年轻人的听力损伤，对噪声污染问题很感兴趣。但即便音量得到有效降低，噪声还会在耳道之外的地方继续造成威胁。在一系列有趣的研究中，实验对象在飞机、火车和汽车上睡觉，身体连着心电图机。不管他们是否醒来，他们的交感神经系统都对声音有强烈的反应——心率加快、血压升高和呼吸作用增强。在一项持续三周的研究中，受试者没有显示出任何习惯噪声的生理现象[79]。而在另一项持续几年的研究中，生理影响变得更糟。

◇◇◇

下意识的警惕从进化的角度来看是合理的。睡着的或者冬眠的动物必须保留自己对危险做出反应的能力。动物中一些物种在进化过程中失去视力（比如蝙蝠和海底长得非常丑的鱼），或是失去嗅觉（如海豚和嗅觉越来越不灵敏的人类）不是稀罕事[80]，但还没有出现随着进化失去听觉的脊椎动物。听觉是我们"警惕"和"导航"的主要感官，不仅提醒我们前方有障碍物，还能帮助我们辨别事情发生的方向。而且，突如其来的声音也会让我们产生最大的惊吓反应。

当然了，大自然并不打算让我们的神经系统每60秒就承受一架飞机呼啸而过的噪声。那么，音量大的人造声景会对人类有怎样的影响呢？答案是十分消极的。无论是我们还是鸟类、鲸鱼或其他野生动物，繁衍和觅食习惯都会被完全干扰。无数条鲸鱼已因海军声呐而丧生，声呐真的会让头部爆裂。在边远的约塞米蒂国家公园（Yosemite National Park）中，70%的时间都可以听到飞机的声音，导致周围环境噪声提高了5分贝——

足以让被捕食动物的警觉距离缩减45%[81]。实验显示，在交通噪声环境下，雌性灰树蛙要花费更长的时间才能找到求偶的雄性[82]，前提是找得到，这一点儿都不浪漫。

大脑处理声音的速度本来是很快的。声波在空气中传播，鼓膜根据声音音量和振幅振动，然后神经反射将信号传递给大脑听觉皮层、脑干和小脑，形成听力[83]。这些部位也一起处理恐惧、觉醒和动作。有一个很经典的哲学问题：假如一棵树在森林里倒下，而附近没有人听到，它有没有发出声音[84]？该问题最初是由爱尔兰哲学家乔治·伯克利（George Berkeley）提出的，我的回答是：严格意义上说，没有。声音与大脑知觉对空气或水中分子振动的解读是密不可分的。大脑能将撞击鼓膜和耳郭的分子的信号解读为声音的概念。鸟可以听到树木的倒塌，鱼也可以，但除非将振动分子处理为音高，这才能叫作声音[85]。

在发声之前，听觉已经进化得相当完美，并最终成为动物有效的沟通本领。我们很难判断进化过程中听觉和视觉哪个是先出现的。但人们相信，几亿年前，鱼类在具备视觉之前就有发达的口须，能感知振动了。乳腺和中耳内由三对骨构成的听骨，都是哺乳动物的标志。胎儿在视觉发育前就有了听觉，出生的时候，听觉已经是发育最完全的知觉。因为声音的传导包括骨传导和脑的听觉中枢传导（例如小提琴演奏的音符频率，会引起听觉皮层神经元相同频率的兴奋），听觉是整个人体的感觉。

只有声音信号在大脑边缘系统完全传递后，前额叶才发挥作用，比如将巨大的响声理解为熟悉的道格拉斯DC-10喷气机，而不是在捕猎的狮子。但是，在其中几微秒的时间内，人体就已经产生了应激反应。如斯坦福大学神经科学家罗伯特·萨波尔斯基（Robert Sapolsky）所说，如果微弱的应激反应长时间累积，就会引起慢性应激。所以即使像睡觉时听到的飞机声一样无害的声音，也可以累积到应激反应中。

流行病学和病例对照研究很有力地支持了上述论断。其中很多研究都在欧洲进行，因为这里繁忙机场附近的人口密度非常高，有价值的健康数据也可以轻松获得。一项针对2000名40周岁以上男性的研究指出，超过50分贝的环境噪声和高血压患病率增加20%具有相关性[86]。另一项针对4800名45周岁以上人员的研究则发现，夜晚的环境噪声每增加10分贝，会导致高血压的患病率增加14%。又一项对波恩机场附近100万人的大型研究发现，在46分贝以上环境中生活的女性服用抗高血压药物的比例是46分贝以下的两倍。世界卫生组织也称，欧洲每年几千人的死亡是因为高噪声导致的心脏病和中风。

研究者跟踪了德国慕尼黑几百名儿童两年的时间，跟踪期间该地建了新的机场。他们还设立了控制组，即居住地距机场较远的孩子们。实验组孩子们的应激激素，即肾上腺素和去甲肾上腺素，从机场运营的第6个月到第18个月间，几乎增加了一倍。他们的收缩压上升了5个点（控制组的孩子也上升了两个点）[87]。

2005年，《柳叶刀》（*The Lancet*）发表了一篇由欧盟资助、迄今为止对儿童认知调查范围最大也最可怕的研究。研究者跟踪了几千名在英国、西班牙和荷兰机场附近上小学的儿童。他们发现噪声对阅读理解、记忆力和多动症有显著的影响。研究结论是线性的：噪声等级每增加5分贝，两个月后的阅读测试结果就会降低5分。因此，如果一个社区噪声增加20分贝，孩子就会比别人落后将近一个学年（研究结果排除了家庭收入和其他因素的干扰）。所以，"听不到自己思考的声音"这句话，是有一定道理的。

　　一项关于噪声的重要综述性研究提到："不同类型的应激反应可能……对重要身体机能的平衡会产生消极影响，其中包括心血管指标，如血压、心脏机能，血清胆固醇、甘油三酯及游离脂肪酸，凝血因子（纤维蛋白原，可增加血浆黏度，导致血液流动阻滞）数量……以及血糖浓度。"[88]

　　这对健康的影响十分严重。说实话，我感到很意外，这些事情居然没多少人知道，而且飞机航线上的地产价值似乎也没有反映人们的担心，至少华盛顿特区是这样的。在读过这些研究后，我在手机上下载了一个检测噪声等级的App。我的孩子们看到我跑来跑去测量噪声的样子格外开心。然而令人失望的是，我家的噪声等级和研究中引起高血压和学习落后的分贝数是一样的。我要的圣诞节礼物是降噪耳机，在家办公的时候我也经常戴着它。里根国家机场会在晚上限制航班数量，但是世界各个国家的很多机场都不会这样做。科技为我们带来了一些希望：近几年飞机的噪声越来越小了，甚至连静音直升机都在开发了。每一分贝都很关键。

　　有趣的是，研究者们谈到了另外一个忍受噪声的结果：烦躁。这听起来并不科学，但人们对噪声的反应很多都是因烦躁情绪而产生的应激反应。概念很简单：不管因为飞机、火车还是卡车，你越感到厌烦，你的感觉就越糟。应激反应并不只是一种生理反应，它是可以由态度或生理学家经常讲的心境来缓解的。这就可以理解为什么有些人在滑雪腾空而降时会充满能量、兴高采烈、精神集中，而另外一些人会害怕自己摔断腿。

　　因为我总是对飞机指指点点，我意识到，我对待飞机的态度可能不太友善。我只希望我不要变成 82 岁的弗兰克·帕都斯基（Frank Parduski）。他为了让一个骑摩托车的人不要发出那么大的声音而试图拦截，结果被撞身亡，《新科学家》（*New Scientist*）称他为"世界首个反对噪声的烈士"[89]。但是，在美国国家公园的游客被告知头顶吵闹的飞机正在进行重要军事演习后，他们的反馈就变成"受干扰程度不大"了。用本性的东西做宣传真是个好办法，瞧，天上飞的不是飞机，而是爱国主义。

　　一些证据显示，越内向敏感的人，越容易受到噪声的影响，可能也越不容易习惯噪声。另一方面，噪声越大越打扰人，人就会变得越来越烦躁。有点像是鸡生蛋、蛋生鸡的感觉。无论你是否喜欢飞机，你的大脑仍然要花费功夫忽视它们，没有人会有足够的定力排除干扰。

◇◇◇

　　美国国家公园管理局对噪声污染很感兴趣，因为受到联邦政府的授权，要保护其资源，包括自 2000 年以来的自然声景。这基本上是不可能完成的任务，但是生物声学家库尔特·弗里斯楚普（Kurt Fristrup）指出，噪声管控只需要一点点动作就可以产生久远的影响。弗里斯楚普是在听起来很浪漫的"自然声音和夜空"部门工作。我能想象到这个部门的员工，会戴着科技感强的耳机，穿着夜晚发光的 T 恤衫，指着自己最喜欢的星星给别人讲故事的样子。弗里斯楚普的任务不仅包括记录人造噪声对游客和野生动物的不良影响，还有记录噪声消失的益处：为什么我们要保护大自然的声音？这些声音对人有什么用？弗里斯楚普当初误打误撞读了声学，本来是要在哈佛大学读生物医学工程的，但是半路受到古生物学家斯蒂芬·杰·古尔德（Stephen Jay Gould）和进化生物学家爱德华·威尔逊的影响，具有了亲生命的态度。现在，他将工程学应用在进化、生存和生态系统健康的概念上。"我们都通过自己的感官与环境互动，"他跟我说，"所以，任何污染不仅影响了我们生活的方方面面，还阻碍了我们与万物之间的联系。"

　　为了更多地了解声音对大脑的影响，并了解自己对声音到底多敏感，我来到宾夕法尼亚州立大学，彼得·纽曼（Peter Newman）和德里克·塔夫（Derrick Taff）见了我，这两位娱乐、公园与旅游管理系（Department of Recreation, Park and Tourism Management）的社会科学家曾经都是公园的护林员，与弗里斯楚普的团队进行着合作。我们在穿过校园吵闹的食堂时，纽曼告诉我，他一开始也不是研究声音的。他对公园和人群感兴趣，并在穆尔森林国家纪念地（Muir Woods National Monument）进行游客调查，这里的古老红木享誉盛名。

"我们请游客给公园提建议，"他说，"人们都说想要更安静些。我很惊讶，这是多大点儿的事啊。但这里充满原始的古老树木，游客觉得应该保持安静。我们回去分析了他们的话语，游客使用的字眼都饱含感情，比如'抚慰人心'，或是'安宁平静'。我们对此很有兴趣，因此我们的研究也开始涉及健康领域。"（这次游客调查也起到了作用：穆尔纪念地现在有了"静音区"，就像美国铁路公司的安静车厢一样，在里面不能打电话，要轻声讲话。这将背景噪声降低了3分贝，足够将听力区扩大一倍。所以，之前可能只能听到10米范围内的鸟叫声，现在20米也不是问题，人们会觉得鸟更多了。）

现在，纽曼和塔夫在大学的声学社会科学实验室（Acoustics Social Science Lab）做实验。人们经常注意到，这个实验室的缩写"ASSL"用英语读起来不太文雅，因此他们在考虑更改名字。他们和同事发现，人造噪声会让公园在视觉上变糟，而不仅是听觉上。与没有听到汽车吵闹声音的游客相比，听到机动车声音的游客对公园景观的评价会低38%[90]（摩托车的影响最为严重，之后是雪上摩托和螺旋桨飞机）。声景反而会影响景观，这和我们的认知不太一样。可想而知，我们错过了多少美丽的瞬间。（反观当给城市打分时，即便是听到再寻常不过的鸟鸣，人们却还稀罕地认为这里的环境更好⁹¹。）

转向人类健康，纽曼和塔夫决定和宾夕法尼亚州立大学的生物行为心理学家乔舒亚·史密斯一道进行研究。史密斯较少关注声音对心智的影响，更关心声音如何使人感觉更舒适。某些声音是否可以用于预防治疗，或成为应对压力和抑郁的良药？这些问题纽曼和塔夫都格外关注，因为自然的声音正是公园需要及时保护的资源。如果对人有益，他们希望能进一步了解。他们熟悉关于自然在心理方面恢复作用的文献，对他们来说，声音似乎有强大的潜在力量，但作为自然的一部分，声音一直没有受到应有的关注。

为了梳理声音片段并检测其对我的效果，史密斯带我过了一遍他当下的实验流程。首先，他帮我接上了整个过程都需要的心率监测器。然后，他给我做了温斯坦噪声敏感性量表（Weinstein Noise Sensitivity Scale）测试，询问了我对不同种类噪声（例如收音机和街道交通）的态度。我得了5.2分，成年人的平均分为4，大学生平均分为3.5。我在噪声敏感度的排名中居第88位，对此我并不奇怪。但是，在随后的一个简短人格测试中，我的结果为"没有太过敏感"和"中度随和"。（毫无疑问，自从搬到华盛顿后我就更加敏感，也更不随和了。）

接着，我在试管内吐了唾液，用以预测皮质醇水平。现在好玩的部分才刚刚开始。为了辨别自然的声音是否有助于实验参与者在心理上得到恢复，史密斯首先必须让他们感受巨大的压力。公共演讲和数学测试是大部分人最恐惧的任务。史密斯给了我一支笔和几张纸，告诉我要准备一个演讲，主题是为什么我会得到自己梦想的工作。刚准备了一半，工作人员就拿走了我的笔记，还告诉我要站在一面大镜子前演讲，镜子后边还有一桌看不见脸的评委。五分钟的演讲中，我数次被打断，被告知要大声点。我随后发现，这些痛苦的惩罚叫作特里尔社会压力测试（Trier Social Stress Test），测试通常包括可怕的数学题，要用四位数一直减去类似13的数字。我以为"特里尔"一定是一个施虐狂，一生都投入折磨别人的测试当中。结果发现，这个测试是德国特里尔大学（University of Trier）在1993年设计的。测试很有效果，虽然我很清楚没有所谓的评委，但我还是教科书般地产生了反应，心率从65左右攀升至95左右，皮质醇水平（后来显示）也从6.7纳摩尔/升上升到12.1纳摩尔/升。皮质醇还不能完全称作应激激素，但皮质醇水平低通常意味着压力低。研究者们一直都在争论这个指标的可靠性（皮质醇水平会在一天当中或女性月经周期中自然变化，因此研究者通常都用它来研究男性）。

于是，史密斯把实验对象随机分到三个组中：第一组观看15分钟带有自然声音的自然短片，第二组观看带自然和机动车声音的自然短片，第三组坐在安静的房间里不看短片。我观看的视频是约塞米蒂国家公园的情景，夏天的青草、蔚蓝的天空、鸟儿在叫。但几分钟后，卡车引擎的声音响起，随后安静下来，然后是一段飞机螺旋桨的声音。我被分到了第二组，又出现了标准的反应：自然短片一开始，我的心率马上就回到了基本的

65左右。但卡车开始响起来的时候，心率升高了10个点，花了一段时间才开始降。在看了一段安静的自然短片后，心率骤然下降至55左右。这时我非常放松，但第二段噪声进来时，心率突然爬升，虽然没有第一次那么高。这部分实验中，我的皮质醇水平为8.2纳摩尔/升，这也从侧面反映出我基本上算是获得了恢复效果（要记得，我原来的皮质醇水平为6.7纳摩尔/升，演讲时为12.1纳摩尔/升）。

史密斯也记录了我的HRV值。HRV很快成了生理压力测量的首选指标，在科学家、医生和运动员教练中的使用频率越来越高。我在韩国时也测过HRV，一次爬山过后显示我的血管在变厚。HRV很难理解，尤其是在翻译转换过程当中。它基本上可以实时测量自主神经系统对环境中的微型事件的响应和恢复速度。你的心脏就像一名舞者，它在放松时，会优雅地上下晃动。这就是高度异变性，是好事。但当你受到压力时，这种异变性会缩小范围，舞者会抽筋。有些人的HRV值长期很低，这可能导致一系列与压力相关的疾病，如心血管病、代谢疾病，甚至早逝。在演讲测试期间，或者听到很大的噪声时，我的HRV值都会收紧。

噪声，至少对我而言，确实是一个问题。测试结果显示，对于对噪声敏感的人来说，很难在城市环境中完全放松，无论公园和鸭子筑巢有多美。正如史密斯所说的那样："你的精力恢复很明显受到了噪声的影响，它以至少一分钟的遗留效应阻碍了恢复过程。对你来说，在公园散步时从大自然获得的好处，可能转眼就会被飞机的噪声抵消。这些噪声干扰了你愉快的观景和声音体验。这比做演讲任务的压力要大一半，这些都不是微不足道的影响。"

史密斯的研究，为我们敏感型的人提出了几项建议：尝试通过耳机、办公室隔音板等物品减少暴露在令人厌烦的噪声里的时间；如果做不到，可以试着改变我们对噪声的态度（也许可以想象终有一天，我会坐上一架飞机离开首都），并尝试体验积极的声音和安静的地方。

"我们应该把声音环境看作药品，"他说，"就像药片一样，可以开声音的处方，或在公园走走，就和大夫让患者多加锻炼一样。一生当中，每天20分钟。或者你也可以把它当作治疗压力的紧急干预药物，每当压力巨大时，就去一个安静的地方。"

事实上，史密斯认为像这样基于自然的短暂干预，可以比其他方式更有效地帮助到更多人，比如冥想。"冥想获得了所有关注，毫无道理，"史密斯说，"70%的人做冥想都会放弃。"并不是所有人都喜欢大自然，但几乎所有人都喜欢毫无噪声，或至少让噪声偶尔消失。

◇◇◇

这些日子我们可能过于追求绝对的安静，约翰·拉斯金（John Ruskin）写道："寂静的空气是不甜蜜的，只有充满鸟儿叽叽喳喳、昆虫唧唧哼哼的低声鸣奏，才是最甜蜜的[92]。"大自然的声音对大多数人来说都是抚慰人心的，其中风、水、鸟的声音尤为如此。这三者是有益身心的三大音色。根据神经科学家和音乐家丹尼尔·列维京在《迷恋音乐的大脑》(*This is Your Brain on Music*)中的观点，一个人最爱听的音乐及其亲人的声音，可能是最能让他快乐的声音，因为大脑的每个部分几乎都被调动了起来。

达尔文在《人类的由来》(*The Descent of Man*)一书中用了10页的篇幅来写鸟叫，6页来写人类的音乐[93]。他在书中指出鸟和人都具有性选择(sexual selection)这一自然筛选过程，需要吸引配偶。像往常一样，他说得没错。英国广播公司也非常喜欢鸟类，每天要在电台里播放92秒的鸟叫声。英国石油公司的加油站最近也开始在厕所里播放鸟叫的声音[94]。一份报刊报道说："这样做的目的是在心理上与新鲜的自然建立联系。"真的是这样吗？

"新鲜"的想法似乎是有道理的。声学顾问朱利安·特雷热(Julian Treasure)说，早上鸟儿在鸣叫，我们会把鸟鸣与警觉和安全联系在一起，会感觉整个世界都是安详的。这就是我们在整个进化过程中听取鸟鸣的方式。听不到鸟鸣，就意味着有问题了。而且，鸟鸣是不规律的、随机的，也不会保持不变，所以我们的大脑没有把它理解为一种语言，而是将它作为一种背景声音。事实上，鸟鸣与人造音乐有一些不同寻常的相似性，它的音域和魅力可能在某种无意识的层面上刺激着人们听到音乐会快乐的神经元[95]。法国前卫作曲家奥利维耶·梅西昂(Olivier Messiaen)把鸟鸣的元素加入自己的作品中，并说："鸟叫声是我们对光明、星空、彩虹和欢快歌曲的渴望。"

褐噪鸫可以掌握2000首"歌曲"，牛鹂可以唱出40个不同的音，苍头燕雀可能在一个季节就唱50万次歌。澳大利亚琴鸟是世界上最好的模仿者，电锯声、汽车警报器和相机快门的咔嗒声（没有一个是其栖息地的声音）都不在话下。叫声悦耳动听的隐居鸫也经常出现在数学坐标轴上，其可辨识的音高遵循着一定的谐波间隔。该发现的研究人员是西雅图康沃尔艺术学院（Cornish College of the Arts）的作曲家埃米莉·杜利特尔（Emily Doolittle）。

虽然自鸟类和哺乳动物从共同的祖先分化以来，已经过去了3亿年的时间，但是我们的大脑在听到、加工和制造语言方面，和鸟类的大脑惊人地相似。与其他灵长类相比，人类与鸣禽有更多相同的语音基因。这是因为人类和鸟类共同进化了这些语言中心，使用了相同的、古老的神经硬件，特别是鸟类的弓状皮质和人类的基底神经节[96]，后者也是调节情绪的区域。人们已经认识到，音乐会引发情绪，但是关于莫扎特能够让我们哭泣、颤抖和愉悦的原因（主要是通过我们的中脑边缘通路释放多巴胺），已经有太多研究了，反而神经科学家对鸟类的关注少很多[97]。

然而，人脑镜像一般的鸟的脑神经元也许可以帮我们解释人跟鸟叫声的原始联系。对鸟类和人类双方而言，对语言和音乐声做出情绪反应的能力都是求偶、交流和生存的关键。为推特①起名的人简直太聪明了。心理学研究一直表明，播放鸟鸣声

---

① tweet既有鸟叫声的意思，又可以指推特上的推文。——译者注

会改善情绪和精神警觉性。在利物浦的一所小学进行的一项实验发现，听过鸟鸣的学生在午餐后比没有听的学生注意力更加集中。阿姆斯特丹史基浦国际机场（Schiphol Airport）在设有假树的休息室内播放鸟鸣声，人们非常喜欢。来自英国的特雷热顾问也建议每人每天至少听几分钟鸟的叫声。在写这一章的过程中，我一直在手机应用上播放鸟叫声。窗外大雪纷飞，手机里宛如春天，的确为家里添色不少，而我的猫肯定也更清醒了。

英国环境心理学家埃莉诺·拉特克利夫（Eleanor Ratcliffe）说："我正在努力做的，就是找出人们感觉更舒适的原因。"埃莉诺看起来更像是高中生而非科学家。她顶着一头红色的头发，穿着一件牛仔夹克，左臂上的鹦鹉文身被遮住了一部分。她承认相较于自然，自己更适应城市，但是，正如她所说的那样："不一定非要身处大自然才能对它感兴趣。"我和她是去年夏天在维多利亚和阿尔伯特博物馆（Victoria and Albert Museum）①的庭院里喝茶时认识的，那里是城市空间中让人恢复精神的绝佳地点。她打开了笔记本电脑，《黑道家族》（The Sopranos）和灵歌之间夹杂着鸟叫声。

在她的实验室里，她播放着鸟叫声，并询问实验对象的感受。"我认为最重要的事情是让人们认为鸟的声音是有恢复作用的，但它取决于人，也取决于鸟。"鸟叫声的受欢迎程度不是一致的。许多人不喜欢松鸦的粗鲁叫声，或者是乌鸦和秃鹫的傲

---

① 世界上最大的装饰艺术和设计博物馆。——译者注

慢声音。埃莉诺就像红酒爱好者谈论葡萄的样子一样。"某些音量小、音调高、明亮和平滑的声音，比音量大和粗糙的更具恢复作用，"她说，"典型的鸣禽，啾啾叫的小鸟、金翅雀、画眉、知更鸟和鹪鹩都有音乐般的高颤音。它们的叫声比较复杂，富有旋律，可能有助于人们从烦恼中转移注意力，但能在分心和过度劳累之间保持平衡。你想要听到的是一只没有攻击性且顺从的鸟的叫声。喜鹊的叫声没有恢复作用。"

◇◇◇

埃莉诺相信声音可以使人恢复，她很高兴声音的效果终于能在研究中得到一些关注。但声音也许不是自然疗法的秘密武器。毕竟，我们是视觉生物，盯着墙、戴着耳机也只能带给我们这些益处了。尽管如此，声音的启迪仍然可以具有价值和创造性。凤凰城每个月都会有一个星期天禁止车辆驶入城市的地标——南山公园。我在韩国的时候，曾沿着清溪川的河流漫步。说河流其实有点夸张，就好比说美国果汁品牌Orange Julius的饮料取自果树，或是太空针塔（Space Needle）真能到达太空一样。清溪川曾经是一个暗渠，直到2005年，首尔前市长李明博发起绿化倡议，它的开发才为世界熟知。为了让全长7英里的清溪川不断流，首尔引汉江水灌清溪川，再让其流往汉江。现在，河流峡谷中种植的树木和花灌木吸引着昆虫和鸟类。所谓的河道见光①（daylighting）是城市重现自然的方式之一。然

―――――――

① 见光，顾名思义，就是通过把地表凿开等方式，让地下的河道见到阳光。——译者注

而，在首尔，其主要目的是创造一个新的声景，以与中央商务区存在的拥堵交通相抗衡。

光滑的瀑布从与马路等高的出水口一泻而下，水流声听着非常舒服。我在那里遇到了汉阳大学建筑声学的博士生洪珠荣，他是专门研究用水声来掩盖交通噪声的。我们沿着一段景色不错的长达3英里的河道走了一段路，也躲避着其他来到这儿散步、慢跑和野餐的人。一些年轻姑娘站在岸边看着鸽子，这真的是一个放松的好地方。夏天，这里的温度要比高处的路面低6摄氏度。大约只有20英尺宽的溪流流过岩石和芦苇，发出潺潺的水声，低洼水道边上衬砌的石墙把这舒缓的声音放大了。洪珠荣向我解释说，有了这些新的水景，人们对交通噪声的感觉就会发生变化。人们仍然可以听到噪声，但不会多加注意了。这里的交通噪声很大，超过了65分贝，但水声也是这么大。"溪流的设计放大了声音，"他说，"但人们不会觉得吵闹，因为这种噪声很悦耳。他们认为这种水声让人愉快。"

我想起国家公园管理局的库尔特·弗里斯楚普曾经表示，除非我们知道如何让城市的声音变好，不然我们听力的范围可能就会逐渐缩减。他把我们整天都戴耳塞的习惯叫作习得性耳聋（learned deafness）。我们正改变着自己的声景来适应现实世界，而成本就是放弃听力，真正丢掉了完全恢复的机会。

"我们生来具有的天赋，就是能在外面听到所有奇妙的微妙的声音，"他说，"但这样的天赋随着这代人对过去的遗忘而面临消失的危险。一些人将不会有机会对这些声音感到敏感。"

虽然韩国首尔的河流计划因为3.8亿美元的成本，在最初遭遇阻力，而且政府想重新架设一条高架公路，但现在人们对当初绿化方案的热情极为高涨，每天都有几千名游客来到这里。首尔前市长李明博也成了第17届韩国总统。

◇◇◇

在缅因州短暂假期的最后一个早晨，当孩子们还在睡梦之中时，我早早醒来，溜出了继母家。我戴上脑电图机，钻进皮划艇，划入了一个小湖。湖的一边是乡下的村落、船和码头，另外一边是广阔的白山国家森林公园（White Mountain National Forest）。水面上有一英尺厚的薄雾，划水时，完全看不到桨，但我可以听到水滴的声音，以及接近远处岸边的鸟儿。偶尔有飞机飞过头顶，但它们似乎离得很远，还有一辆汽车在湖的尽头打着了火。一切都还不错，这儿很安静。我深深吸了一口雾气，迎着太阳和鸟叫声，头顶戴着皇冠一样的脑电图机向前继续划桨。

早上的脑电图报告读起来像星际迷说的话一般："对大多数人来说，当大脑忙于处理和响应视觉刺激时，α节律会减弱。然而，即使你睁着眼睛，你的大脑也会产生大量的α波，这表明你广泛大脑皮层的连接支配了大脑动力学，你很容易就进入了放松的状态。"

哈！我终于有α波了！我终于让机器觉得我经常做瑜伽了。我觉得在那片安静的湖泊上停留的片刻给了我瑜伽般的效果。

5

雨之形

（当）近视已成定局，应该开处方建议患者换换环境——如果可能的话来趟海上旅行。[98]

> ——亨利·爱德华·朱勒（Henry Edward Juler）
> 《眼科学与实践手册》（*A Handbook of Ophthalmic Science and Practice*）

她答应过给我们看得见风景的朝南房间，两间连在一起；现在可是朝北的，望出去是个院子，两个房间的距离又很远。哎，露西呀![99]

> ——E. M. 福斯特（E. M. Forster）
> 《看得见风景的房间》（*A Room with a View*）

人在城市生活中面临着种种巨大的危险，汽车就是其中之一。虽然我们的大脑一直以来都具有对蛇和蜘蛛的恐惧，但对两吨重的汽车，恐惧感却从来都没有那么大。与其晚上梦到虫子爬进被窝，还不如多担心一下出租车，虽然这样解梦专家的乐趣就会少一些。两年前，马里兰州的银泉市（Silver Spring）市中心，我75岁的父亲走路上班时，被一辆以每小时35英里的速度行驶的汽车撞了。事故的发生多半是路人的不小心与肇事司机的大意共同造成的，但最后，父亲被判全责，因为他过马路没走斑马线。

贝塞斯达市郊医院的监护室中，护士们摇着脑袋，这已经是当周他们见到的第三起行人交通事故了。仅就华盛顿特区而言，每年就有超过800起类似的事故，虽然测速摄像头越来越多，但事故数量不降反升。我的父亲7处骨折、外伤性脑损伤，没人知道他能否康复，也没人知道能恢复得多好。一开始，他在传统却先进的病房中的样子还不错，皮肤晒得很健康，也很强壮，完全像是走错片场一样。但很快这种不协调感就不存在了，他忍受着剧烈的疼痛，没法吃东西，还有点儿糊涂了。他听不明白别人的话，嘴里也只会念叨着"物业费"。他不知道自己在哪儿，拿着自己身上的各种管子鼓弄半天。用医院常常令人意想不到的行话说，他可能会"走丢"。

我已经失去了母亲，不想再没有父亲。在重症监护室观察两周后，他被转到了一家神经科出名的康复医院。这里医学研究者云集，有充足的先进设备和治疗各种疾病的丰富经验，还有许多从战场上归来的老兵和枪击受害者在这里接受康复治疗——华盛顿特区真是一个适合治疗脑损伤的地方。这里传达给我的一个信息是，只要尽早并努力地疗养，就可以恢复身体的各项机能。

父亲教会了我很多，他教我热爱自然，教我怎么踩着石头蹦过河，教我攀岩的时候要探身，教我怎么叉太阳鱼和稳住独木舟。父亲，我的爸爸，即便在纽约城，也会把我们赶到光秃秃的沥青房顶，看橘黄色的太阳坠入哈德孙河（Hudson River）。每年圣诞节，他都会给我做一本前一年夏天我们俩野外探险的相册，填满了模糊的急流和岩石峭壁的照片。他给1978年的相册取名叫"大胆冒险"，在致谢部分，他是这样说的："这本相册为她制作，限量发行，仅此一本。"很长时间以来，翻阅这些相册一直都让我有一种尴尬的痛苦——爸爸的一本正经、多愁善感，以及我那用翻白眼表达叛逆的青春期。但现在看起来，相册里充满了我这个离异家庭的点点滴滴，也显示了自然在他精神世界里的分量。

1979年，我12岁，父亲和当时他的女朋友的相处出现了一些困难。好几周里，我们在加拿大和美国明尼苏达州边界的湖泊划船。有一张照片是我们坐在岸边的大圆石上，一起啃着一块巨大的面包，我的手腕上是用小绳系着的崭新瑞士军刀。爸爸当时天天吃麦片，皮肤晒得黝黑，身体柔韧性很好，长头发，光膀子。"在这一年和女儿度过的一段段艰险旅程中，我比以往更容易获得平静，"他在当年的相册里写道，"旅途刚开始时，我的内心还挣扎着林林总总的难题，不容易让人接近，也动不动就发火。但随着旅程的继续，我变得没有以前那么焦虑了，开始感觉取得了一些平衡，找到了几个月来都没有的那种平和。是不是脚下的水改变了我?"

爸爸是在弗吉尼亚州的里士满（Richmond）爬树长大的，会照料爷爷家里的郁郁葱葱的花园。爸爸一生都很健康，从来没有停止散步和对自然的探索。但此时，一切都改变了，没有比医院病房距离大自然更远的地方了。因为爸爸出事的时候我正在为这本书做准备，我太清楚一个靠窗的床位对一个恢复期长的人有多么重要了。

比如，"有一种观点，是说病人对灯光的需要仅次于对新鲜空气的需要，这是一个不正确的结论，"一百多年前南丁格尔在其著名的《基本护理教材》（*Textbook of Basic Nursing*）[100]中提到，"很有趣，几乎所有病人躺下的时候，脸都会像植物迎着阳光一样对着太阳。"我也读到了奥利弗·萨克斯（Oliver Sacks）对从严重腿部受伤中康复的过程的描述。当时萨克斯在挪威遇到一头愤怒的公牛，情急之下一脚踩空，跌下峭壁（并不是所有作家都能有他这么传奇的一生）。几周之后，萨克斯终于可以出去了。"抚摸着鲜活的植物。在我所知道的可怕的孤立和排斥之后，我和自然重新建立了本质的联系，我身体的一些部分活了过来。"即使我的父亲不能叫出他看到的东西的名字，阳光、树木和鸟叫声也会来找他的。

我们已经讲过了气味和声音，现在来看看我们处理周遭信息时最强大的感觉——视觉。视觉对人的生理、心理的影响也是直接而强大的。心理学家、建筑师罗杰·乌尔里希是世界上第一批研究"看得见风景的房间"的人之一[101]。乌尔里希在20世纪80年代中期曾提出"人们为什么喜欢绕去林荫道驾驶"的疑问，还曾在观看自然幻灯片的受试者大脑中测出了 α 波。在这些最初的、有希望的研究得出结果后，他来到了宾夕法尼亚州的一座郊区医院。和萨克斯相同，他也从个人经验得出结论：自然在治愈方面作用巨大。孩童时期，他经常要忍受肾病的反复发作。在家养病久卧的时间里，他从窗户外的松树身上获得了巨大的安慰，但原因一直都不得而知。之后，在成为年轻的科学家后，他希望能验证自己的假说——自然景观可以减少病人的压力，进而起到更好的临床疗效。他注意到一项1981年的研究提到，密歇根州监狱面向耕地和树木一边的牢房（而不是在监狱的另一边面向一座冷冷清清的院子的牢房），因囚犯生病而导致的家人探访次数也较少[102]。

乌尔里希花了6年多的时间跟踪调查做过胆囊手术的患者，一些患者在术后被安排在窗外有树木的房间，而另一些患者只能盯着砖墙。他发现，住在窗外有绿色风景的房间的病人在医院的术后恢复时间较短，需要的止痛药物也较少，护士的笔记中也说他们更配合治疗。该项研究于1984年发表在《科学》（*Science*）杂志，引起了热烈反响，已经有几千篇论文引用了这份研究成果。如果你也曾经注意到自己牙医检查室的天花板或者墙壁上有自然的照片，那很有可能你就要感谢乌尔里希的那项研究了。

◇◇◇

从那时起，关于窗户的研究层出不穷，涉及学校、办公室和家庭住房。这些研究证明，自然风光会提高工作效率，减少工作压力，提高学习成绩，也会使城市居民心态更加平和。与将自身感官完全浸泡在日本扁柏林的研究相比，这些研究的对象大有不同，目标也没有那么宏大。它们观察的是"偶然的自然"，也就是那些不需要努力寻找就可以享受到的自然：可以是去洗衣房路上瞥见的一抹绿，也可以是做流程图期间不经意看到的植物。其中一些研究的范围很小，而且在鱼龙混杂的影响因素下显得有些欠缺说服力，也许那些更富有、更健康、更快乐的人本来就更喜欢接近自然？然而，最精彩的研究的范围很广，研究方法的设计避开了众多干扰因素。

弗朗西斯·郭（Frances Kuo），密歇根卡普兰系的又一位学者，现在是伊利诺伊大学厄巴纳-香槟分校（University of Illinois, Urbana-Champaign）景观和人类健康实验室（the Landscape and Human Health Laboratory）的负责人。卡普兰夫妇的注意力恢复理论在逻辑上是行得通的，但郭感兴趣的是设计实验证明该理论。如果说我们的大脑是由于太多直接注意力的消耗而疲惫不堪，如果这会令人易怒，那么人们是不是更有可能变得暴力？多看看自然的景色会不会减少暴力倾向？如果会，那么简短地观望窗户外的风景会不会足以带来改变？在她21世纪初的一些开创性实验中，观察了现已拆除的"罗伯特·泰勒之家" [①103]（Robert Taylor housing project）中景观、暴力和认知的问题。这里，一些房间的窗外除了沥青路什么都没有，另一些则面朝草坪，还零星有几棵树，住户都是随机分配的，阴沉的气息笼罩着，夹杂着贫穷、毒品、教育和就业的种种问题。这里是一个完美的窗景实验室。

郭和同事威廉·苏利文（William Sullivan）采访了145名女性住户（大多数是单亲妈妈）。他们发现，窗外是沥青路的房间的女性住户比起窗外有草地的女性住户在心理攻击性、中度暴力和严重暴力上都表现出更高的水平。在另外一项研究中，沥青组则表现出更多的拖延行为，生活挑战的评估为程度更严重、持续时间更长。研究者们知道攻击性和冲动联系紧密，所以他们又对泰勒之家的孩子们做了一次研究。结果发现，沥青组的孩子们更难控制冲动行为、抵抗干扰和延迟满足。这些结果适用于女孩，但不适用于男孩，郭把结果归为女孩更可能因为景观的问题而更多地待在室内。

由于这些结论都是基于调查问卷做出来的，研究者们想要一个更加客观的结果，因此他们开始寻求警署报告作为论据。这一次，芝加哥另外一套公共住宅——"艾达·B.威尔斯（Ida B. Wells）之家" [②]，被选为他们的研究对象。这片住宅区的院子

---

① "罗伯特·泰勒之家"是美国芝加哥的一处公共住房项目，以罗伯特·泰勒命名，他是芝加哥住宅局（Chicago Housing Authority，CHA）第一位非裔主席。——译者注

② "艾达·B.威尔斯之家"以非裔美国记者和报纸编辑威尔斯的名字命名。——译者注

有的没有绿化，有的是混凝土加绿化，还有的绿化丰富。他们在两年的时间里研究了98座建筑[104]，发现绿化率和案件数量之间有着惊人的相关性，包括行凶、谋杀、偷车、抢劫和纵火案件。与绿化率最低的楼栋相比，中等绿化率住宅的犯罪案件要少42%，绿化率最高的住宅涉财案件则要少48%，暴力案件少56%。

郭认为，能有这么大的反差肯定不仅有绿化的作用。院子很漂亮会吸引居民出门，相互认识并有所照应。研究者们同样监测了居民前往院子的频率，并询问了他们对邻居的看法。高绿化率片区的居民认为自己的邻居更愿意帮忙和给予支持，有更强的归属感，社交活动的参与率更高，也有更多的访客[105]。

郭的研究结论得到了很多其他研究的支撑。一项以1万个家庭为对象的荷兰研究发现，在收入近似的人群中，居住在绿化率更高的地方的人，孤独感更少；还有一项办公室研究证明，相比于没有盆栽植物的环境，在有盆栽植物的环境中，人们更愿意在别人索要五美元时慷慨解囊[106]。（盆栽植物！真应该将国会用热带植物装扮一下。）出于某些原因，社会心理学家都喜欢研究"路怒症"[107]，甚至在这方面，树林的风景会让人变友好的证据也很有力。在这些和其他各种研究中，绿化似乎都可以引起亲社会行为和社区意识。弗雷德里克·劳·奥姆斯特德也是这样想的。

"我并不是一开始就热爱自然，"郭告诉我，"对于这些研究结果会是这样，我一点个人直觉都没有。但20年后，我被说服了。"

◇◇◇

虽然这些研究都指出，周边的自然对人的健康和行为有切实的好处，但它们都没有解释为什么看看灌木丛就会让人更健康、更友好，而不需要有浸泡在自然里的感官体验。对于这个问题，需要拆分一下视觉，这里我们就有必要请出纳米粒子物理学家理查德·泰勒（Richard Taylor）了。和乌尔里希一样，他也是从自己童年的体验出发，开始了自己的征程。他在英格兰长大，十岁时看了杰克逊·波洛克的一本画册，就深深地被迷[1]住了，或者说，被波洛克化了。波洛克的抽象概念似乎也激发了观众的某种心理状态。

现在，50多岁的泰勒是一个绝对的达·芬奇式人物，除了在纳米粒子物理领域有很高的造诣之外，他还是一位拿了两个艺术学位的画家和摄影家。他的头发非常漂亮，长长的卷发让他看起来像牛顿，他所在的俄勒冈大学（University of Oregon）曾经甚至在他发表的一篇文章中对他的头发做了PS[2]。市场营销系的人可能会觉得这太让人分心了，毕竟俄勒冈的尤金市（Eugene）实际上并不是因为保守的穿着习惯而出名的。想了一下，我高中的物理老师发型和他一模一样，这肯定是个很普遍的风格。

---

[1]　作者所说的"迷"，英文为mesmerized，来自弗朗兹·麦斯麦（Franz Mesmer），这位18世纪疯狂的医生曾提出有生命物和无生命物之间有"动物磁性"的存在。——译者注

[2]　Photoshop，图像处理软件，网络语言中常将PS用作动词。——译者注

泰勒从来没有丢掉对杰克逊·波洛克的兴趣，甚至可以说是痴迷。在曼彻斯特艺术学院（Manchester School of Art）的时候，他做了一个不稳定的钟摆，当风吹来时就会向画布上洒颜料，因为他想要看看"自然"是如何作画的，以及这样的画作是不是和波洛克的风格很像（的确很像）。他又成功进入俄勒冈大学物理系，研究传输电能最有效的方式：像河流支流或肺支气管、皮质神经元一样分支路的方式。当电流经过电视这类电器时，电子的移动是有序的，但在一些比较新而小的、可能只有原子几百倍大小的设备中，电流的秩序就会被打乱，更像一种有秩序的混乱。这些电流的模式，就像肺支气管和神经元中的分支，实际上是分形的，这就意味着它们会在不同程度上重复出现。现在，他正在利用"生物灵感"来设计更有效的太阳能电池板。如果自然的太阳能电池板，即树木和植物是有分支的，那人工制造的电池板为什么不能采用同样的结构？他在思考问题时，经常在尤金的沃尔多湖（Waldo Lake）边踱步。

几年前，泰勒发表了一篇论文[108]，提出一个影响深远的见解："分形的图像我看得越多，就越能想到波洛克的泼墨画。我在看他的画作时，也可以注意到画布颜料分散的方式很像电流经过设备的样子。"他用测量电流的工具，检验了波洛克的画作，发现颜料轨迹的确是不规则的。这其实有点像发现自己最喜欢的姨妈会说一门古老神秘的语言。"在科学发现的25年以前，波洛克就能画出自然的分形了！"1999年，泰勒将这个研究结论发表在《自然》杂志上，引起了艺术界和物理界的巨大反响。

法国数学家曼德布洛特在1975年创造了描述不规则的术语——分形（fractal），并发现简单的数学理论可以应用在很多看起来复杂或混乱的事情上。他证明，分形图体现在很多自然的事物中，比如云、海岸线、植物叶子、海浪、尼罗河的潮汐涨落和成团的星系。要想理解不同程度的分形图，可以画一组树干和树枝：树干和树枝之间的夹角，可能与树枝和更小的树枝夹角相同，又和该枝干上叶子脉络之间的夹角相同。这样，你就得到了混乱事物内的分形图，或者用分形图创造了一些看似混乱的事物。我在看那些描述两者关系的公式时感觉眼晕，但对数学家来说，公式极其清晰、稳定且美丽。阿瑟·C. 克拉克（Arthur C. Clarke）说曼德布洛特集合①（一种像甲壳虫的、能够表示上述公式的图案）是"整个数学历史中最令人惊奇的发现"[109]。

虽然在自然风景、太空和有生命的物体中，甚至在一颗坏了的土豆上，分形图案都非常普遍，但当时其在抽象画中还很罕见，以至2002年，一些新的画作在波洛克家族一位朋友的储物柜里被发现时，泰勒还被叫过去验证画的真伪。如果是真迹，则画作值几亿美金。泰勒通过计算机分析得出，画作并没有展示出波洛克标志性的分形几何风格，最终确定这是赝品。这是一次大胆的、充满争议的鉴定，但随后化学分析指出，画作的部分颜料为近期制造的，让泰勒放心不少。所以说，分形图还

① 曼德布洛特集合是在复平面上组成分形的点的集合，是一种分形图案。——译者注

阻止了史上最猖狂的造假行为之一。

　　为什么人们那么喜欢波洛克？泰勒不知道能否给出科学的解释。每个人的电脑都装了分形图的屏保程序，人们也会挤进天文馆看灯光表演，难道喜欢波洛克的道理，正如这样？难道伟大的画作真的仅是因为非线性的图案能让视觉舒服？这些问题真的只有物理学家才敢问。这类科学家如果没有被宇宙起源这个议题吓到，自然不会对抽象表现主义唏嘘不已。

　　泰勒做了一些实验，测量了人们在看到类似的分形图时的心理反应。美国国家航空航天局资助了泰勒前期的工作，因为他们想用减压的图片来装饰空间站（但很有意思的是，这些图片让宇航员想起了遥远的地球，他们没有开心，反而有些失落）。泰勒测量了受试者的皮肤传导性，发现受试者在看分形维数 D 在 1.3 到 1.5 之间的数学分形图时，压力会平复 60%。维数 D 反映了大的、粗糙的图案（比如从飞机上看海岸线的样子、树的主干、波洛克的大墨滴）和精细图案（沙丘、岩石、细枝、树叶、波洛克的小墨滴）之间的比例。分形维数通常都在 1 到 2 之间，图像越复杂，D 值就越大。

　　在与美国国家航空航天局合作研究过后，泰勒继续深入研究。他的同事卡罗琳·海格豪（Caroline Hägerhäll）是瑞典专注研究审美知觉的环境心理学家[110]。他们一起将一系列自然风景照片简化为天空下不同地形的分形剪影。他们发现，人们特别喜欢观看的图片，是低到中维度（维数在 1.3～1.5 之间）的。这些选择能否反映人们的精神状态？为了找到答案，他们用脑电图机测量了受试者在观看图片时的脑电波，发现在相同维度区间的"神奇地带"，受试者的大脑额叶很容易就产生了代表着放松、难以捉摸但享誉盛名的 α 波[111]。

即便只看图像一分钟，受试者也会出现这样的情况。脑电图反映的是脑波或神经电活动，但并不会准确地显示大脑活跃的动作。为此，泰勒开始使用磁共振功能成像，通过测定血流量可以显示大脑活动的区域。初步研究显示，中维度分形图会激活一些你可能会猜得出来的区域，比如腹外侧前额叶皮层（高度参与视觉的处理）和背外侧前额叶皮层（涉及处理空间长期记忆）。但是，这些分形图同时调动了海马旁回，它是负责调节情绪的区域，在听到音乐时该区域会非常活跃。对泰勒来说，这个结论意义重大。"我们很高兴找到（中维度分形图）和音乐的相似性。"他说。换句话说，眺望大海在情绪上给我们的感觉，可能和听勃拉姆斯（Brahms）音乐的效果类似。

泰勒解释说，波洛克实际上是用他的抽象画来解释自然的分形法则的。泰勒认为我们的大脑能迅速识别这种与自然世界的亲密关系[112]。波洛克最喜欢的维度近似于树木、雪花和矿脉[113]。"我们用计算机分析比对了波洛克的画作和真实的森林，发现分形图维度是完全一样的。"泰勒说。这些画不仅可以使人平静，还可以让人活跃、敬畏和反省。"另外，"泰勒还说，"暴露在这种环境中就可以了，不需要盯着这些图案看。比如，如果走廊的墙上有这些图案，经过的时候就可以感受到效果。"或者，在窗边工作也可以获得效果。泰勒不知道积极效果可以持续多久，但他和医疗研究者正一起研究接触分形图是否有可能让中风患者恢复部分大脑功能。

但是，为什么中维度（要记得，是大图对小图的比例）那么神奇，受到大部分人的欢迎呢？比如，是什么让像我父亲这样的人在自己做的书中写下这样的话语呢：

> "大雨点打在水面上，引起阵阵涟漪，周围还涌着气泡，奇特又令人震撼。没有响声的视觉效应让这世界看起来不同寻常，好像要用一种全新的方式感受世界……不用语言，用图像。"

很多自然的图案都是低到中维度的，包括云彩和风景。泰勒和卡罗琳的理论很有意思，但并不是为了寻找世外桃源。除了肺部、毛细血管和神经元有作用外，人体还有一个重要器官与分形有关：视网膜。泰勒和卡罗琳使用眼动跟踪器，精准地测量了瞳孔在投影图片（如波洛克的画作等）上的聚焦位置，发现眼球的搜寻路径也是分形的。首先，眼睛找到了图中最大的元素，之后会在大元素的范围内用更小的幅度徘徊，这些动作的路径是中维度的。有趣的是，如果你把动物寻找食物的路径画出来，比如信天翁海洋觅食，同样可以得到类似的分形搜索轨迹。"这本身就是一种有效的搜索策略。"泰勒说。其他科学家的研究证实，此类维度让我们以最快的速度、最好的质量命名和感知物体，这是大脑在面对新的视觉信息时会做的事情，是非常重要的任务，我们需要迅速判断出环境危险与否[114]。如果环境太过复杂，比如面对城市立交，我们就无法轻松接受，就会不舒服，即便是潜意识的。所以不难理解，在伴随人们进化而来的自然环境中时，大脑的视觉皮质才最舒适，比如注视湖面的雨滴会觉得轻松。

"从某种意义上讲，你的视觉系统可以自然地理解分形图，"泰勒说，"减压是因为眼睛的分形结构和看到的分形图匹配，产生了生理上的共鸣。"[115]因此，或许人在自然中的舒适状态并不是由于天生对活物的爱，或是对美丽风景的兴奋，而是由于视觉处理的流畅，由于外部刺激（树木）会轻而易举地被神经一致地处理。泰勒在这里用的词是"共鸣"，而不是"一致"，有点意思。因为贝多芬在离开维也纳的枷锁来到田园时，说的也正是"共鸣"，我在前言中也引用过他的话："我在灌木、大树、草坪和岩石间行走的时候，是多么快乐啊！因为林子、树木、岩石都可给到一个人所需要的共鸣。"在分形图出现的很久很久以前，贝多芬就凭直觉意识到了感官和环境的高度契合[116]。

根据这种处理理论，如果说世外桃源的浪漫不是我们放松的原因，那它肯定是放松的途径了。泰勒说，我们需要观看这些自然的样子，而且还要多看。我们的环境围绕欧几里得维度建设得越来越多，这可能会让人失去流畅的视觉处理机制，也就是自然的减压器。出于众多原因，城市重建绿化和人们出门行走都是好事，但泰勒已经开始考虑去公园和向窗外望去以外的解决方案了。"并不能总是奢求看得到风景的房间。我们可能可以改变和欺骗视觉系统，创造出比自然更好的（分形维数）范围，净化并最大化它的效果。"他这样的话，听着开始有点可怕了。他好像知道了我的感觉，便随即补充道："我不希望看到奥威尔式的未来——公共场所投射着完美的分形图案，每个人都必须盯着它看五分钟。然而，我们希望将这些信息提供给建筑师和艺术家，让他们将其融入各种作品当中。"

在感知物体和人之间的能量时，也许麦斯麦并不是一个疯子。我还有最后一个问题想问泰勒。我当时一直通过 Skype 视频采访正在澳大利亚度假的他，他柔软的卷发像一条美丽的小溪一样流淌到屏幕的最下边。

"你的头发是分形的吗？"

他大笑起来："我怀疑我的头发是分形的。当然，最大的问题是它是否会引起观察者积极的生理变化！"我觉得，这真说不准。

◇◇◇

我父亲开始康复了，在他半私人的房间里，阳光从看得见风景的窗户洒下来，先是很慢，然后加快了。他见了物理治疗师、言语治疗师、职业治疗师，还有许多与他聊天的家人，他们迫切地想让他做出回应。他受损的大脑能恢复过来显然不仅是大自然的原因。当然，我能把他架到窗户旁的病床上，是因为他的室友没有靠窗。窗边的床位很紧张，即便有，有时候也视野不佳。也许泰勒说得对，如果能随时打开有林间空地或分形瀑布的视频，甚至只是在墙上贴一张海报，难道不是很方便吗？

上述设想现在正由俄勒冈州东部蛇河矫治机关（Snake River Correctional Institution）中最高警戒单位进行探索。在一项与社会科学家合作的独特实验中，该监狱已同意在监狱一侧的健身房中播放自然视频。蛇河的牢房根本没有窗户，唯一的"户外"庭院也很小，周围还环绕着建筑物。它唯一的风景是透过铁栅栏看到的天空。蛇河是一个不好待的地方：其囚犯的自杀率和自我伤害比例高于正常水平，对那些失控、踢打房门和尖叫的囚犯，狱警们常常要把他们带出来。被孤独囚禁的犯人可能是这个世界上最缺少自然的人。他们进监狱时，往往患有精神疾病，而且随着时间的流逝变得更加严重。

但是现在的囚犯，可以在所谓的蓝屋中每周做几次举重和引体向上了，随后还要观看40分钟海洋生物、热带雨林和沙漠日落的视频。自两年前蓝屋引入以来，监狱经常会要求囚犯在他们想要冷静的时候进去。蛇河的行为健康服务经理勒妮·史密斯（Renee Smith）说："我们从狱警那里听到很多反馈，他们认为这样可以减轻压力，减少心理问题和行为问题。我们觉得他们遇到的麻烦没有那么多了，带人出来的次数变少了，也听不到那么多尖叫和吼叫声了。"

但虚拟的自然与真实的相差多少呢？为了了解屏幕是否具有相同的减压效果，华盛顿大学（University of Washington）的心理学家彼得·卡恩（Peter Kahn）进行了几次实验。首先，他将自然的视频在无窗的办公室中播放，发现它们确实提高了员工的认知和情绪水平。然后，他将90个受试者分为三组：一组有真实的自然窗户，一组观看播放自然画面的等离子电视，另一组则对着空白墙。他先通过公开演讲任务让受试者感到压力，然后测量每个小组的恢复速度。总之，研究表明，真实的自然效果最强，观看视频有所帮助（尽管在第二次实验中几乎没有），而空白墙的一组速度最慢。卡恩得出的结论是：人类可以"适应真实自然的损失"，但"我们在生理和心理上都要承担后果"[117]。

虽然与卡恩类似的研究人员为视频快速又无情地替代了真实自然感到惋惜，但还有很多人，尤其是年轻人，似乎更加现实。值得注意的是，他们从小接触自然的机会就少。"我们每年都在朝着虚拟生活的方向发展一步，包括视频游戏，3D电视，更大、更具沉浸感的屏幕，以及更多虚拟内容。"德尔彻·瓦尔恰诺夫（Deltcho Valtchanov）说道。他是加拿大安大略省滑铁卢大学（University of Waterloo）认知神经科学专业的博士后，只有20多岁，是在市中心玩电子游戏长大的。瓦尔恰诺夫谈到这个话题不是因为他对自然或艺术感兴趣，而是因为他对这些的对立面——科技——很感兴趣。他想验证，甚至推崇虚拟现实可以引发"真正的"神经系统活动。他的大学评审委员会并不允许他向受试者灌输恐惧，所以他开始阅读落满尘埃的心理文献，想知道到底是什么让人感到放松，结果遇到了大自然。这对他来说是个意外，他并不相信这一点，也不是一个热爱自然的人。但是，在他的硕士学位实验中，自然很好地让受试者得到了放松。因此，他决定在博士生涯中尝试解构自然的视觉效果，找出原因。他的终极目标是让虚拟现实的体验更加完美。因为如果可以的话，那些戴耳机的"宅男"们就无法自拔了。"你为什么不从现实生活逃避出去呢？"瓦尔恰诺夫问道，"这样，你就可以在自家客厅待着，花不了什么钱。你在虚拟现实就可以去没有虫子，也不用倒时差的夏威夷了。"

◇◇◇

当我了解到，瓦尔恰诺夫终于开发了一款可以对自然场景进行评级和分类的智能手机App，并最终能进行自然环境的合成时，我不得不去看看。他最近在安大略省南部平淡无奇的平原上完成了他的博士研究项目。当我在一个灰蒙蒙、刮大风的二月天参观时，我可以理解为什么自己会有观看VR的想法，显然它也激发了各种各样技术的产生。虽然大多数美国人从未听说过滑铁卢大学，但许多硅谷大亨都认为这里是他们最好的人才输送地，甚至比斯坦福大学都好。瓦尔恰诺夫穿着黑色牛仔裤、一件格子纽扣衬衫，下唇下面留着一小撮胡子，带我穿过心理学系地下室无窗的蛇形走廊。我们经过了一个小房间，里面装饰着逼真的亮蓝色、有云影的天花板，由一家名为天空工厂（Sky Factory）的公司制造，其标语是"自然的幻想"。"在你的房间里不装电灯装这个，岂不更好？"他问我，"从此醒来打开的就不是灯而是天空了。"

我猜到了，也想到了，但是犹豫过后，我还是喜欢看到窗外，但来不及争论了，我们来到了沉浸式虚拟环境实验室（Research Laboratory for Immersive Virtual Environments），毫不讽刺，它的缩写为"ReLIVE"，是再生的意思。房间是混凝土地板、煤渣砌块建成的，平面大小约14英尺×20英尺。

在这里，他向我介绍了用科技打造的治愈世界。他给我的手指夹上线来测量我的皮肤电反应（GSR，也可以理解为汗液分泌），并用红外线传感器来测量我的心率。他让我心算13乘以17，然后是12乘以14。就在此时，我感受到了巨大的压力。然后他给我戴上了一个精密跟踪3D耳机，有点像水肺潜水镜，但装的是陀螺仪和加速度计。它会捕捉我的动作，3D视频可以随之响应，完全让我的大脑沉浸在瓦尔恰诺夫的虚拟天堂中，至少设计想法是这样的。

一个很大的三星显示器亮了起来，我发现自己在一座热带荒岛上走着，或者更确切地说，是飘浮着走的。瓦尔恰诺夫花费了数千小时创造了这个世界，增加了如鸟叫、水流、昆虫叫声、草的沙沙声，还有人跳起来会发出的砰的一声。只不过移动有些奇怪，瓦尔恰诺夫正控制着我的速度和方向，所以我觉得我是被自己脑门拽着往前走过一个高速变化的环境。

"你觉得你是《饥饿游戏》（*The Hunger Games*）中的游戏设计师吗？"我问他，我还以为会有火球打我呢。

他拉着我在一条虚拟的小路上前进，我虚拟的脚踩在地上嘎吱作响，下山穿过一片高高的草丛后，我来到了海滩。我开始感觉有些晕了，然后突然被拖到了水下，我觉得不应该是这样。

我不禁感到一些惊慌。有鲨鱼吗？是不是要踩到海胆了？

是不是要变天了？我并没有感到很放松，我告诉他。

"并非所有自然都是有恢复效果的，"他说，"在高高的草堆里不一定就是件好事，但你能听到海的声音吗？我们要前往瀑布，那里有彩虹。"

但我绝对不会喜欢他的彩虹。

我觉得我要吐了。

我休息了一下，在卫生间喘了口气，用凉水洗了把脸。之后，瓦尔恰诺夫告诉了我一件我已经知道的事情——我在虚拟放松方面表现得并不好。

◇◇◇

"你的GSR没有下降，"他有点失望地说道，"它没有变。也许你是晕VR了，我很抱歉。这项技术正在抗眩晕方面做改进，之后你就不会觉得是通过别人的眼睛来观察了。"他解释说，我并不是唯一有这样结果的人。由于受试者想吐，30%的数据都得舍弃。这是消费者VR开发和营销的一个主要障碍。"眩晕是由于技术过时了，"他说，"现在正在通过没有重影的、更好的显示设备来解决。当你快速转头时，你会注意到边缘是模糊的。"

是的，我注意到了，多扫兴啊。但同时我有点暗自自豪。我是为数不多的需要真实体验才可以满足的人。我对虚拟方法的怀疑，也在瓦尔恰诺夫的App——EnviroPulse——上有所体现，该App仍在beta测试中。这个软件有点像无限茶壶的魔术①，你把一张图像放进去，比如窗户外的风景，然后就会出现一系列猜测你情绪的图片。难道我们还不清楚自己对某些图片的反应吗？"显然不知道。"瓦尔恰诺夫很礼貌地回答说。如果知道，那为什么我们还建起那么丑陋的城市、郊区、学校和医院？重点不是这些地方丑，而是人们对它们的反应不好。我们经常会错过美好，不是因为我们很忙，也不是因为我们看不到，而是因为我们不知道这会对我们的大脑有什么功效。瓦尔恰诺夫正好可以帮忙，他想设计一个类似Yelp②、依靠人群力量的软件，可以推荐比如中央公园等最好的放松地点，或最轻松的上班路线。"区别就是这不是寻找美食，而是寻找幸福的软件。"他说。

这个软件可以这样：举起手机取景，或者使用照片图库，手机会通过一些算法计算该图像具有压力恢复功能的潜力。自然图像包含了统计数据，正如瓦尔恰诺夫所说，分形的组合只是数据的一部分。颜色很重要，饱和度、形状（比起直线，人们更喜欢圆润的轮廓）、轮廓的复杂性和亮度（人们认为更亮、更饱和的色彩更使人快乐）也很重要，所有这些视觉参数都经过了多年的研究，尤其是对人情感的不同作用，这些数据为算法提供了支持。例如，众所周知，红色和橙色会让人激动或愤

---

① 无限茶壶是一款舞台魔术师表演的经典魔术，魔术师向观众询问要喝什么，水、啤酒、茶或其他任何液体，然后魔术师就会将这种饮料倒在玻璃杯里，之后会继续询问，继续倒饮料，似乎永远都倒不完。——译者注

② 美国消费者点评网站。——译者注

怒（以及贪婪和饥饿，爱吃快餐的人都再清楚不过），而蓝色、绿色和紫色更让我们放松。人类眼睛的构造让我们可以立即对颜色做出反应。我们的视锥细胞内存在三种感光色素，对蓝光、绿光和红光敏感，这些细胞直通大脑的视觉皮层，在头的后部。大多数哺乳动物只有两种视锥细胞（而且不能区分红色和绿色），而灵长类动物在视觉上很发达，拥有三种视锥细胞，但也不算特别发达。有些生物，像鸟和蝴蝶有五种，可以感受红外线和紫外线。虾蛄最发达了，有12到16种视锥细胞。只有老天知道它们能看到什么，但那一定很迷幻。

颜色帮助我们发现和区分食物，并注意到与众不同的事物。我们对红色很敏感，因为我们有更多视锥细胞专门感受这种颜色，而在许多文化中，红色也是在黑色和白色之后最早有名字的颜色。由于红色能使我们保持警惕和充满活力，我们在红色走廊中会比在蓝色走廊中走得更快[118]。正如英国哲学家尼古拉斯·汉弗莱（Nicholas Humphrey）所说："如果你想着重强调，那就用红色来写。"[119]奥运会拳击手和武术家穿红色衣服时，获胜的概率更高。但如果是粉红色，很有趣，会有相反的效果，可以降低运动员的表现水准，或让囚犯降低攻击性（因此往往监禁酗酒之人时，牢房会使用粉红色的背景色），还可以安抚精神病患者。还有一项研究表明，医院病人在看蓝灯时，震颤消失了[120]。

基于有关感官知觉的文献，瓦尔恰诺夫的App将蓝色定为最高分。捕食者往往不是绿色或蓝色的。亲生命效应的支持者可能会说，我们已经学会将这些颜色与有生命的、健康的生态系统联系起来，因其充满了植物（绿色）、干净的水（蓝色）和广阔的反射（天蓝色、海青色）。因为我们都生活在同一片天空之下，并且享受着它的滋润，这些色调可能会产生普遍性和人类共通的感觉。同样，正如约翰·伯格（John Berger）在《观看的视界》（The Sense of Sight）里所写的那样：

> "我们发现水晶或罂粟美丽，就意味着我们不再孤单。我们深入地了解存在，没有被单一的生活所吞噬。"[121]

我被文化和科学的丰富交集所吸引，但让瓦尔恰诺夫最兴奋的，则是空间频率。他确信，无论分形的研究如何，空间频率打开了天堂的大门。空间频率描述的是图像或图景中轮廓、阴影和形状的复杂性。我们更喜欢可以更容易、更快速理解的图像。

在他的App中，与光滑圆润的线条相比，直线和锯齿线在恢复效果上的分数非常低[122]。"城市的锯齿状边缘对你来说不太好。"瓦尔恰诺夫说。但就像泰勒一样，他认为复杂性有一个理想的最佳点，既不会太烦琐，也不会太单调。瓦尔恰诺夫在读博士期间，在使用眼动追踪机来解析人们如何观看场景的时候，发现虽然眼睛倾向于懒散地徘徊在自然场景中，但是城市场景会引发更多快速的"固定"，并且使人眨眼更多，这表明眼睛和大脑都在更努力地进行解码。这些地方更花费我们的注意力。

　　通过研究，瓦尔恰诺夫认为易于处理的场景会触发大脑中天然阿片类物质的释放。其他研究表明，我们喜欢的图像会激活大脑的一个原始部位，称为腹侧纹状体（与激发我们行为的深层情绪和奖赏机制密切相关），以及富含阿片类物质的海马旁回——正是泰勒实验中受试者在观看分形图时活跃的区域[123]。当诗人、作家黛安·阿克曼写到渴望日落的"视觉鸦片"[124]时，她其实并不知道自己做了一个双关。根据瓦尔恰诺夫的说法，自然让我们快乐，是因为我们的腹侧视觉通路的神经机制被调到了中等频率范围。这就好比听众得到了清晰的电台信号，找到信号的时候，快乐的因子就会不断涌现[125]。

　　这正是瓦尔恰诺夫对自己App的期望。为了告诉我它是如何运作的，我们在网上搜索了很多图像。我们把手机拿到照片上，看着屏幕上像温度计的指示条，从绿色（良好）、白色（一般）到红色（有压力）之间的变化。该App还可以给图像评出0到100之间的恢复分数，并按照不同分数赋予以上这些颜色。一些分数是可预测的：森林谷——深绿；湖——深绿；城市十字路口——红色；简单建筑——白色；上海蓝天下的天际线——白色。然而，我上传一张两边是白雪皑皑的山峰，中间是白雪覆盖的草地，就是旅行攻略中类似的图片时，指示条开始变红了。

　　"这是怎么回事？"我问道。

　　"嗯，因为有锯齿，图是白的，而且因为冬天树都死了。"

　　"但很美啊，"我说，"我在这种地方滑雪的时候，绝对是很开心的。"

"这款App并不会考虑你的活动、你身体中产生的化学物质，或是大脑的供氧量。我只是分析了环境的参数。而且根据威尔逊的亲生命假说，人们对枯树会有很大的反应。"

"但这些树并没有死，这只是冬天而已，很美的。"

"美和心理价值是不同的，"他调整了我拿手机的位置，"如果你把摄像头向上倾斜一点，多拍一点蓝天，App的分数会变高的，"他耸了耸肩，"我没说它是完美的。"

◇◇◇

泰勒、瓦尔恰诺夫和其他研究者都相继表明，自然风景，即使是屏幕上的图片，也可以在我们的大脑中引发快速、积极的反应。但是，如果视觉系统本身的构造就是为了观看真实自然的话，那也许我们应该多去观察自然。因为我们困在室内盯着屏幕时，眼睛并不快乐。我的眼睛就会很干涩，还很疼。我去看眼科大夫，她对这样的情况并不陌生。"你总是盯着不动。"她告诉我。"盯着不动？"我突然觉得自己像一个令人毛骨悚然的人。"你不眨眼啊！"她说。我眨了眨眼，又眨了眨眼，感觉很奇怪。"我们如果整天都盯着屏幕看，眼睛就眨得少，"她说，"我们都会这样。"她给了我一些滴眼液，说只要我能想起来，就连续眨眼二十次。

除了干涩，在缺少户外空间和光线的情况下，我们的眼睛也会出现一些奇怪的现象。一项来自中国的研究发现，较富裕的城市地区的近视率是农村地区的两倍。在上海，86%的高中生都需要戴眼镜。最近在美国俄亥俄州、新加坡和澳大利亚的研究发现，近视患者和不近视的人，真实的差异在于他们在室外的小时数。阳光会刺激视网膜中的多巴胺释放，达到可以防止眼球伸长的效果。室内和室外光线是完全不同的。即使是阴天，室外光也是室内的十倍，并且涵盖了更大的光谱范围。教育工作者们正忙着提出解决方案，包括在教室安装全光谱室内灯和玻璃天花板。

但更好的办法是：出门去。

我发现，如果带着知识分子的"强迫症"将自然界的各个部分分开并逐一审视，这一过程既有趣，又令人不安。我理解这是科学通常的研究方法：要理解一个系统，你必须要理解各个组成部分，找到机制，在无人涉足的地方插上旗子。诗人会觉得这简直荒谬透顶。打开大脑健康之路的，不仅是柏树的气味、鸟儿的声音，也不仅是绿色。我们具有完整的感官系统，或者说至少我们曾经进化成这样，那有没有可能，打开所有感官的大门，真正神奇的事情才会发生？

为此，您需要在VR屏幕上或自然界中花费更多时间。确切地说，每月五小时。

第三章

每月五小时

6

蹲下，感受植物吧

雨滴和流水发出潺潺低语，孤独和完美谱写柔美音符。[126]

——朵贝·杨笙（Tove Jansson）

    很久以前在芬兰，森林小精灵可以给那些吵闹的和不尊重森林的人施咒语。被施咒语的人会"metsänpeitto"，翻译过来就是"被森林藏匿"。在这种状态下，人被一种强大的魔法控制，晕头转向，感觉周围的一切都是陌生的，会产生幻觉并体验超自然的现象。

    基督诞生很久以后，在波罗的海和北海之间的北方地区依然存在着强大的异教信仰。19世纪初期，有很多关于"被森林藏匿"的记载，而且像其他宗教事件一样，更常见于妇女和儿童。著名芬兰诗人V. A. 科斯肯涅米（V. A. Koskenniemi）在1930年为此写了一首诗。这首诗也是记者、活动家马可·利帕宁（Marko Leppanen）最喜欢的一首诗，他在赫尔辛基群岛的一个小岛上曾用铿锵有力的芬兰语为我大声朗读过。

"在森林里迷路不一定不好。"利帕宁对我解释道。他又高又瘦、皮肤光滑，身穿绿色羊毛衫，站在一棵矮小的松树旁边。"即便迷失，也是在美中迷失，人可以享受自由，和自然结合并体验快乐的味道。这首诗就是在说这个道理。"

换句话说，"被森林藏匿"有点像做迷幻剂森林浴，这的确很符合芬兰的风格。同时，它还与短期观望窗外风景完全不一样，它代表的是对森林力量更彻底的折服。这里许多健康专家认为，现代世界需要在自然中完整地沉浸，尽管可能仍然只是偶尔沉浸。所以他们试图研究清楚，健康的普通公民需要在户外待多长时间才能保持清醒。

利帕宁着迷于野外风景改变心态、使人健康的神奇效果，他希望与前往瓦迪欧萨里岛①（Vartiosaari）拜访他的人一起分享。这个坑坑洼洼的岛屿位于赫尔辛基的城市范围内，是浮出波罗的海的有森林覆盖的锥形基岩之一。冬天，人们会从结冰的海面上走到这里（几乎每年都会有人跌落并淹死）。我在5月一个灿烂的晴天来到这里，冰已融化，所以乘坐的是快艇。

利帕宁看起来年纪不大，但他实际上已经44岁了，是这座岛屿非官方的管理人、德鲁伊教士和发言人。在小岛上，蕨类植物、松树和陡峭的海崖间，坐落着十几座房子、一块种着花

---

① 名字为Guardian Island，即"守护者岛"。——译者注

园植物的地，以及一条因利帕宁才有的自然小路。瓦迪欧萨里岛是一个太过于天然的自然保护区，这里拥有异常丰富的木本植物。"整个岛屿的面积只有83公顷，但感觉要大得多，"利帕宁说，"许多人都在这里迷过路，但他们对几个小时的失踪感到非常高兴。我认为这是一种迷路的健康效应。"

20世纪初，诺基亚（当时还是一家木浆和橡胶工厂）的总经理非常喜欢瓦迪欧萨里岛，他辞掉了工作来这里生活，建造了名为"Quisisana"的房子，这个名字来源于拉丁语，意思是治愈之地。为了增强岛屿有益健康的性质，并创造更多机会来保护这个地方使其免受开发的影响，利帕宁申请了芬兰森林研究所（Finnish Forest Research Institute）和赫尔辛基市的一些资金，标出了一条"健康自然小路"，还带有路标、推荐的锻炼和说明。

但它并不是典型的公园跑道。我们的第一站是一块巨大的灰色石头，它曾是一块冰川漂砾①，这座岛屿还在水下时，它从冰山上掉落。利帕宁说，这块远行的岩石让我们想起了运动的重要性，就像是大自然给我们的StairMaster②跑步机。我们走了几步，到达一个小型的户外教堂，里面有一个石坛、一个木质的十字架和树皮边的长凳，这又在提示着我们大自然中的灵性。接下来，我们见到了一棵长得很奇怪的松树，树没有向上生长，

---

① 冰川把石头从一地搬运到其他地方，这种岩石就被称为冰川漂砾。——译者注
② 健身设备品牌名，发明了行业内最早的楼梯机。——译者注

而是从树腰的位置平铺生长开来。利帕宁用芬兰森林之神的名字，将其命名为"达彪（Tapio）的桌子"。"这可以作为我们敬奉神灵的标志和感恩的象征，"他说，"感恩有益于健康。所以，今天我们可以感谢自己参观这片森林！"我们走到了一个石头铺成的大型客厅大小的迷宫。这是由当地人在1999年建造的，但它是对古代岛民传统的一种认可。没有人能确定旧的迷宫是什么，但对于利帕宁来说，它代表着神秘、流浪和游戏。

这时，我突然意识到，芬兰大人的世界和我女儿在博尔德年代久远的华德福（Waldorf）幼儿园没有什么不同——充满了异教仪式、木匠活和中土世界的符号。[事实上，据说托尔金就受到了芬兰民族史诗《卡莱瓦拉》（*Kalevala*）的影响，这部作品认为世界是由潜鸭蛋破裂诞生的。]与我同行的人甚至为了零食而停下脚步，他们没有唱歌或是用树枝制作头饰，但我能感觉到这些马上就要发生了。

对芬兰人来说，在户外活动不是像美国人那样向大自然致敬或是对自己感恩。我们迷恋于制定自己的生活清单，记录自己登顶的山峰，并对原野的原始场景拍照。这些大部分都是个人的体验。然而，在芬兰人看来，大自然表达的是一种紧密的集体认同。他们在大自然中可以欢快地采摘浆果或蘑菇、钓鱼、在湖泊游泳并进行北欧式滑雪。他们不会欣赏麋鹿，而是像祖先一样把它们吃掉。而且他们经常做这些事情。

根据大型调查，芬兰人平均每周进行2到3次自然休闲娱乐活动，其中58%的芬兰人采摘浆果，35%越野滑雪（在极夜中和在大型城市公园的灯光下滑的次数都很多），50%骑自行车，28%慢跑，30%遛狗，还有5%（相当于25万人）参加长距离的滑冰比赛——这是我最喜欢的运动。总而言之，超过95%的芬兰人经常在户外娱乐。

可能是芬兰某些方面的发展相对较缓，也可能是其他国家太过于发达了，他们才可以这样。我们很早就放下了自己手中的花环，无论好坏，就像文明的成年人一样。芬兰是西方国家中较晚开始城市化的，是一个很特别的国家。

"直到20世纪60年代和70年代，大众才最终进入城市。"我们走在柔软的森林道路上，利帕宁说，"我们没有机会逃离大自然，城市的这一层概念很薄。你今天还可以看到，虽然我们现在正走在芬兰的首都，距离市中心只有7公里的距离，但会让你觉得就像隔着几百公里一样。这是一个完整的自然景观。这和几代人都在城市居住是很不一样的。"对他来说，文明就像一块春天的海冰，是透明的，我们仍然可以感觉得到下面的巨浪。

瓦迪欧萨里岛只有两代从陆地上过来的人，整个国家移民的数量也很少。这意味着几乎所有人（无论是在农场还是林地）都有祖父母。老人们还住在乡下的房子里，即便进城，也会在特定季节回来。芬兰有500万人口，有200万"kesämökki"，也就是"夏季别墅"，所以几乎每个家庭都有一个在农村、大自然的落脚地，这简直是中产阶级梦寐以求的房地产天堂。

芬兰是全球幸福感排行榜很靠前的国家。许多人认为这是因为芬兰人的收入差距不大，但可能也是因为每个人都可以获得能让他们快乐的东西——湖泊、森林和海岸线，再加上漫长的国家法定假期和午夜的太阳。（当然了，反面也是存在的，比如寒冷黑暗的冬天，不滑雪的时候，人们喝得酩酊大醉，发酒疯……）

像许多芬兰的X代人[①]（Gen-Xer）一样，马可·利帕宁也是在追蝴蝶的无忧无虑中长大的。他11岁时就独自一人在树上睡觉了。但美国同样年纪的人，还在郊区的复式公寓里玩着《吃豆人》（Pac-Man）游戏，唯一能看到的绿色，是粗毛地毯的颜色。

直到现在，芬兰人在情感上和经济上都还依靠着这片土地。即便芬兰人设计了翻盖手机、"愤怒的小鸟"，以及朵贝·杨笙广受欢迎的姆明（Moomin）漫画，但该国的主导产业生产的是林产品，比如能提供可再生燃料的能源植物和纸浆。芬兰是欧洲森林覆盖率最高的国家，高达74%。正如一位来访的英国记者说："这里的景色有点儿单调枯燥。"虽然森林大多为个人或家庭所有，但是至少让美国人觉得很奇怪的是，这里根本没有擅自闯入一说。芬兰法律以"jokamiehenoikeus"的理念运作，即"每个人的权利"，意思是任何人都可以在任何其他人的土地上经过，可以摘浆果、采蘑菇、抠鼻子等，甚至可以扎营和燃起篝火，他们唯一不能做的事情是砍柴或打猎。（丹麦、挪威和苏格兰等少数欧洲积极民主地区的漫步权与其相似，但法律的

[①]　X代人："Generation X"，X世代，指的是出生在婴儿潮之后（1964年）、千禧一代（1981年）之前的人，同时也是主观多变、潇洒自信等特点的代名词。——译者注

要求没有这么宽松。)

对于许多美国人来说，这听起来像社会主义中私有财产的公有化（因为蒙大拿州等州实行的是"我的城堡"法律，在这些地方人们如果射杀擅自闯入的人，是受到法律支持的）。但对芬兰人来说，"每个人的权利"是自由的精髓，因为它意味着人们可以一直走下去。在每个人彼此联系的小型国家里，分享体现得淋漓尽致。

那么，芬兰人对森林付出的努力就可想而知了，而且国家正投入大量资金进行研究，不仅是为了那受宪法保护的自由，还有其他原因。其中一些和我们有关：根据调查，芬兰人在进入城市环境时，压力、抑郁和肥胖的水平都会不断增高。尽管芬兰人享受自然，但涉及远距离滑冰数据的全国娱乐调查也指出，几乎所有类别的户外活动，芬兰人参与的频率都在下降。过去十年，取而代之的毫无疑问是房屋内发光的电子设备，即便是芬兰人对此也无法抗拒。

芬兰可以做出选择。如果科学研究证明，与森林相处能够降低医疗保健成本、改善心理和身体健康，那么决策者就可以利用这一点来反对赫尔辛基在瓦迪欧萨里这样的岛上铺路。尽管我们认为芬兰人很不一样，但我们还是很有可能从研究中学到东西。

◇◇◇

莉萨·杜勒万恩（Liisa Tyrväinen）经常光顾赫尔辛基的一家餐馆，名字叫作Kaarna，是树皮的意思。作为一名曾经的生态学者，她实在受不了自己的研究结果对城市规划或政策制定者一点用处都没有，因此读博士时改读了经济学，研究森林和公园等为什么会显著提高房价。"大自然对芬兰政治家带来的影响，只是如何评估它的价值。"她在带我领略赫尔辛基公园时说。她开始对日本的研究感到好奇，因为后者主张森林对人类健康具有很大的生理影响。像芬兰这样的国家，正在努力弄明白如何管理其广阔的森林，从而更好地造福国家、人民和工业。如果这能为健康带来贡献的话，就可以成为国家经济又一大有益部分。保护自然区是否值得？"我想获得更多数据，不想参与拥抱树木这种简单研究。"她说。

现在，莉萨在由政府资助的芬兰自然资源研究所（Natural Resources Institute Finland）的一个研究组担任组长。她访问过日本，邀请了一些森林浴的研究者前往芬兰，指导她进行类似的实验。她在借鉴日本的做法时遇到了一些问题，希望调整实验的设计。宫崎良文和他的同事们大多是以小群体的形式进行研究的日本青年，而莉萨希望展开范围更大的研究并优化控制。例如，在我观察的日本实验中，一组受试者会乘坐一辆面包车，开几个小时到达公园，而另外一组直奔市中心。原来认为是"自然"降低了血压和皮质醇水平，但其实可能只是由于在路上有更多时间清空自己吧。

莉萨为一系列实验，即绿色健康和研究项目（Green Health and Research Project）争取了一笔1600万美元的经费。在受到日本研究者的启发后，她的研究的所有参与者都坐上了同一辆面包车，乘坐的时间也相同，而且参与者包括了更多女性、成年人和上班族。此外，日本团队研究还对比了纯粹的城市与纯粹的自然。莉萨则希望了解这个城市每个人都可以接触到的环境：繁忙的街道、人为管理的城市公园，以及更野生的森林公园。人为管理的公园经过了修剪和景观美化，类似纽约中央公园的一些地方，比如船池和周围的草地。而森林公园，是赫尔辛基名副其实的"中央公园"，能让我想起纽约中央公园版的漫步区（the Ramble），但不同的是这里有更大、更高的松树和笔直的大道。

莉萨也想测量血压，因其与压力和疾病都有关联。"长期的生理益处是我们的兴趣点。我们想跟踪研究这些实验对象。"她还同时寻找更详细的信息，"日常生活环境中，健康自然空间的最佳数量、位置、类型和大小是什么？"

莉萨的团队对一般上班族的痛苦及对他们有益的事情很感兴趣。他们的目标不是提高工作效率本身，而是降低国家医疗保健成本，并为城市规划者提供管理绿地的数据。如果她可以让人们感觉更舒心，那也很不错，但她是经济学家，而不是社会工作者。欧洲60％的健康问题都与工作相关，如背部疼痛和肌肉骨骼问题。但是在60％之后的最高百分比（14％）则是心理问题：压力、抑郁和焦虑。芬兰人称之为"倦怠综合征"，这对雇主和政府卫生机构来说都是很大的压力。

当听到芬兰上班族的压力时，我不禁笑了。芬兰人通常每天工作8小时，大约80％的上班族都加入了工会，他们有五周的年均假期[127]，有养老和医疗保险，还有一年的带薪育儿假[128]（男性和女性都鼓励休假）。我在为这本书向芬兰发送大量的电子邮件时，会经常收到收件人的自动回复，说接下来的几个季度都在休育儿假，不会查看电子邮件。这些上班族如果都有压力的话，那美国人怎么办？美国四分之一的上班族压根儿没有带薪休假。

芬兰政府正在资助莉萨的研究，因为这个小型国家的劳动人口十分有限。她的同事杰西卡·德布卢姆（Jessica de Bloom）告诉我："其他国家会为工作岗位选择合适的人，如果那个人不能胜任，你还会找到另外一个愿意做的人。而在这里，你要尽可能长时间留住这个人，要哄他开心。"

因此，虽然日本研究人员已经做了关于受试者情绪的问卷调查，但莉萨的团队决定添加其他关于恢复效果、活力和创造力的量表。所有这些都与工作的快乐程度有关。如果卡普兰的注意力恢复理论是正确的，那么预计芬兰人在一段时间后将测得更高的分数。有关恢复效果的选项包括（参与者对以下表达进行评分）：我感到平静，我对日常工作充满了热情和活力，我感到专注和警觉。有关活力的选项包括：我觉得清醒、有活力。有关创造力的选项包括：我有几个新的想法。虽然自我回答的问卷不像脑波和激素水平的客观依据那样有趣或可靠（有时参与者可以猜出研究人员想问的是什么，因此会有实验偏差），然而在较为大型的研究中，它们往往非常准确，特别是与其他类型的生理或认知测试相结合时尤为精确。

在一项研究中，莉萨和同事询问了3000名城市居民在大自然中的情绪和恢复性体验。他们发现，效果最佳的恢复方法是每个月在自然环境中度过5个小时。莉萨希望深入研究数据，所以她的团队在另一项研究中将82名办公室工作人员（主要是女性）带到3个不同的地点：市中心、打理整齐的公园，还有森林公园。受试者在每个地方都会坐15分钟，然后悠闲地散步30分钟。研究人员会收集问卷和受试者的唾液样本，测量他们的血压和心率数据。在整个过程中，志愿参与实验的人都不能互相交谈，以避免社交造成的积极心理作用。如果人们感到快乐，那绝对不可能是因为交到了新朋友。

实验结果让科学家赞不绝口。效果十分显著，而且正如预测的结果，心理恢复效果和待在森林中的时间呈线性相关。与坐在面包车上相比，实验参与者在城市中并没有产生心理上的"恢复"，但在公园和森林中有效果。在外面仅仅坐了15分钟，他们就感受到了变化。短暂的步行后，这些恢复的感觉继续增加。人们花在绿地上的时间越多，报告的感觉就越好，而且对于那些在荒野森林的人来说，效果会强一些。但是好处不光有放松。你可能会觉得在城市中会让你更有活力，但只有大自然才能做到这一点，即便花了整整45分钟。在城市中，活力和心理恢复的得分都下降了，公园或森林的参与者要比城市参与者的效果分数高20%。前者同时还感受到更强烈的积极情绪，更少的负面情绪，以及更强的创造性。在客观数据测量方面，皮质醇水平则在所有三种情况下都有所下降，莉萨推测这可能是因为远离了工作。

这对于城市居民来说是个好事，只需要走进城市公园15到45分钟，即便只是一个有人行道、人群和街道噪声的公园，也足以改善情绪、提升活力并让人们有恢复的感觉。

"该实验结果表明，大型城市公园（超过5公顷）和大型城市林地对城市居民产生了积极的影响，特别是对健康的中年妇女。"该研究结论发表在《环境心理学期刊》（*Journal of Environmental Psychology*）上。研究结果可以和之前每月5小时的推荐对应，但研究人员还注意到了时长和反应的相关关系：身处自然的时长越多，感觉就越好。莉萨告诉我，为了提高情绪并最可靠地避免抑郁症，"每月5小时是获得效果的最短时间，之后，如果可以延长至10小时，你的感觉将越来越好"。

我马上算了一下，每个月5小时的意思是每周都要去两到三次，每次大约半个小时。要想增加到一个月10小时，那么就要每周去五次，每次大约半个小时。或者，正如莉萨的一位同事所说："每月花整整两到三天完全出城也会带来同样的效果。"也难怪芬兰乡下的别墅如此受欢迎，原来是芬兰人的神经系统有需要。然而，这个在芬兰改进的自然疗法并不适用于所有人，因为这些结果只反映了平均水平。但在一个中度抑郁人口比例很高的国家中，它即使只能帮到一小部分人，也将为国家医疗保健系统省下一笔巨大的开销。

在芬兰，公园和林地是很简单的解决方案。"这里的大自然价格低廉，每个人都可以免费享受。"莉萨说。

◇◇◇

如果说莉萨为了芬兰经济而重视森林的话，那么她的同事卡莱维·科尔佩拉（Kalevi Korpela）则是渴望以此改善黑暗的北欧心理。正如芬兰语中的健康（terve）一词，源自能抵御风暴的"耐寒松树"。芬兰人经历了很多：漫长、黑暗的冬天，寒冷的气温，以及反复被瑞典人和俄罗斯人入侵、殖民的集体历史。他们向瑞典人学会了沉思，向俄罗斯人学会了喝酒。芬兰人本身出了名地沉默、内向，还有点害羞。一项研究发现，世界上的许多民族中，芬兰人最能适应长时间的沉默，他们并不健谈。关于斯堪的纳维亚悖论的讨论其实有很多：瑞典、丹麦和芬兰等国家的幸福指数排名很高，但他们的自杀率也很高。

科尔佩拉的祖父参加了第二次世界大战，经历过残酷的冬季战斗。和那一代许多战争的幸存者一样，他们都默默地忍受着痛苦，没有人知道如何与这些内心支离破碎的男人谈论这些。在诸如芬兰历史上最畅销的小说——瓦依诺·林纳（Väinö Linna）的《无名战士》（*The Unknown Soldier*）一类的作品中，他们的痛苦被永远纪念。坦佩雷大学（University of Tampere）的实验心理学家科尔佩拉在过去20年的大部分时间里，一直在研究不同的环境给人的感受。和20年前的心理学家不一样，最令他着迷的是积极心理学，或者是能给我们良好的感觉的因素。在他的童年时期，当父母长时间工作时，他和哥哥会在镇上自在玩耍，他知道这里在自己心里的位置尤其重要，对其他人来说也可能同样重要。

坦佩雷在地理位置上并不令人印象深刻。这座城市在赫尔辛基以北，距离赫尔辛基有90分钟的火车车程。这里大约有25万人口，由瑞典国王古斯塔夫三世（Gustav Ⅲ）于1779年下令兴建。这座城市坐落在坦佩雷急流之畔，这些水流现在都汇流在水电站中。俯瞰这座城市的是世界上最高的蛇形丘（我也不知道蛇形丘是什么——它基本上是一种冰碛）。该地形特征看起来更像是地球的减速带，而不是一座山，海拔只有85米。芬兰人对它感到如此骄傲，会让你觉得在芬兰应该知道这种地形。这里并没有雄伟的山峰或是壮丽的峡谷，却有很多沼泽地。芬兰9%的电力来自泥煤气，堪称泥炭领域的沙特阿拉伯。从科尔佩拉自己的生活和工作中，仍然能看出芬兰人与土地之间的紧密联系。

"在青少年时期，我常常会在树林里跑步，在一块可以看到湖面的大石头上停下来，"他说，"我意识到这是一种平静自己和调节情绪的方式，所以我保持着这种习惯。"现在，科尔佩拉已经是一位胡须整齐的教授了，让人不禁想起留着山羊胡子的弗洛伊德。他因研究"最喜欢的地方"及其对人心理健康的影响而闻名。在他的研究中，当他要求实验参与者说出自己最喜欢的地方时，超过60%的人都提到了自然区域，例如湖泊、海滩、公园、花园或树林。

科尔佩拉想知道：如果自然真有什么特别之处的话，那么它影响大脑情绪的速度如何？如果罗杰·乌尔里希（曾经研究医院窗外风景的那位学者）富有变革性的心理学理论是正确的，那么人们对优美自然景观的反应应该是主动的，而且也许是直接的。衡量积极情绪和消极情绪有个经典的办法，就是向人们展示他人的面容照片，并让他们针对恐惧、愤怒、快乐和惊喜等情绪对其进行评分，同时计时。更快乐的人会更迅速地判断出别人的快乐，也会花更多时间才能识别恐惧或厌恶。

科尔佩拉组织了一组志愿者，快速地向他们展示各种场景的照片，从城市开始，到有树木的建筑物、树本身，再到自然公园。每看过一张照片之后，志愿者都要判断一张面容图片中的情绪。有趣的是，在看了更多自然的场景图片之后，受试者能更快地识别出快乐的积极情绪，而识别诸如愤怒和恐惧之类的负面情绪要慢一些。在看了更多城市场景后，判断的速度与之前恰好相反。换言之，观看自然的照片让他们（瞬间）表现得更快乐。对科尔佩拉来说，这项研究证实了乌尔里希的假设，即自然可以在潜意识层面引起快速的情绪反应。

我们在第一章讲过，自然会表现出一些作用于人的即时效果：降低脉搏，副交感神经系统开始发挥更强的作用，并产生平静与幸福的感觉。科尔佩拉查询了文献，提出了类似时间响应的矩阵图。由于进行过面容的相关研究，他知道最快的反应。"人们在看到自然图像的200毫秒内，就会做出积极的反应，"他解释说，"你看到的图片会影响你的反应，因为图片会唤起你的情绪。"沿着矩阵，乌尔里希先播放木工厂中的血腥事故，再播放自然视频，受试者的心率、面部肌肉紧张程度及皮肤电反应的变化通常在4到7分钟内发生；日本和芬兰的研究则发现，15到20分钟后血压会降低，皮质醇代谢会减弱，情绪也会得到改善；在自然环境中45到50分钟后，许多受试者会提升认知表现、活力感觉及心理反应。那如果科尔佩拉能以一种方式将所有观察结果结合在一起，增强现实应用的效果呢？

他提出了一个"强力路"（Power Trail）的想法。这是一类精心打造的、自我引导的自然路线，可以将自然的有益效果最大化。徒步旅行者不需要经过特别认证的导游带领，不需要参加培训班，也不需要一个大型的疗养森林，只需要路过一些景色就好了，最好有水和一些策略指示。2010年，芬兰中部的伊卡利宁水疗中心（Ikaalinen Spa）在政府的资助下，让科尔佩拉设计了一条围绕其设置的环路。（关于"spa"这件事：要知道在芬兰，对有需要的工作者来说，去水疗中心是一项国家福利，不要以为水疗中心是穿着瑜伽服的女士的专属。这又是一个让人穿越海冰，移居芬兰的理由。）

根据科尔佩拉和莉萨的说法，这条环路立马就获得了成功，现在整个欧洲北部就有6条类似的环路。他们对走过这些路线的徒步旅行者进行了调查，发现79%的人表示他们的情绪有所改善，那些行走较长环路（6.6公里）的人比行走较短环路（4.4公里）的人提升效果更佳。性别、年龄，甚至天气，都对结果没有影响。但他们也发现，有15%到20%的人没有产生效果。这些人可能讨厌虫子、天空什么的。而且，尽管他们的大脑本来应该有亲生命效应，但他们就是无法在大自然中放松。

为了让我也测试一下，科尔佩拉开着银色标致轿车带着我前往水疗中心。说实在的，我从一开始就有点放松，而且我也有社会科学家所说的尝鲜效应，即新鲜的事物可以让人们感觉良好。这就是我们喜欢旅行的原因，仔细观看《国家地理》（*National Geographic*）杂志中的照片，甚至会让我们连续坠入爱河。我爱上的，是芬兰周中那几天车辆稀少的乡村。那是5月的一天，我们不断经过油菜花地、未成熟的玉米地和小麦地。我们在一间淡蓝色的木屋咖啡馆里停下来吃自助午餐，最有特色的是鹿肉配越橘。尝鲜效应正如火如荼。

刚到水疗中心的停车场，科尔佩拉就拿出了一台血压计。我静静地坐了两分钟后做了测量，血压已经降了下来。科尔佩拉和我分开，享受自己的"强力路"去了。我开始沿着这条蜿蜒的小路走，穿过水疗中心的燃木桑拿浴室，绕过湖泊，越过山丘和山谷。这是乡下的风景，虽然不壮观，但令人愉快。有鸟儿、花朵和树木，还有一些房屋、拖拉机和柴堆。科尔佩拉说，单独行走是将自然益处最大化的好方法，特别是那些与自我反思有关的益处。芬兰人当然会说在大自然中独处是最好的了，他们可是出了名地内向。30年前，心理学家约阿希姆·沃尔威尔（Joachim Wohlwill）赞同了这一观点。他写到，对精神疲惫或有社会压力的人来说，独自体验的自然环境似乎特别具有恢复效果。我明白这些，但我在有安全感时，才喜欢在大自然中独处。（这毫不奇怪，女性出于对安全的担忧，在自然界中独处时往往比男性更加紧张。）

出发后，我路过了一个路标，这是九个任务的第一个。我拿出了科尔佩拉翻译成英文的一张纸，第一站是一项认知任务，我要找到并数出两幅湖边繁忙野餐图的不同之处，比方说一幅图的树上有啄木鸟，另一幅没有。除此之外，还要填写一份简短的调查问卷，要求我对自己的感觉做1到5的评分，此类量表称为恢复结果量表，经常用于心理研究。其中，打分项包括"我感到平静和放松""我很警觉和专注""我充满热情并精力充沛"，还有"我的所有日常烦恼都消失了"。在我徒步结束时还要重复这两项任务，并对比分数。

我继续走。第二个路标的任务是看着地面和天空，深呼吸，放松肩膀。"感觉你的身心变得平静。"那张纸上面说。我抬起头时，看到了让我沮丧的电线，但回想起这段路通电的原因是要给冬季滑雪照明后，我就变得很开心了。

第三站是让徒步者倾听大自然的声音，并"自由发挥你的思绪"，以及"蹲下，感受植物吧"。第四站是走到附近让我感到心境平静的地方。第五站是找到自己的情绪和心态。之后不断地做着任务，通过自己面前的景象来找到自然的元素，也找到对应自己的植物。我的选择是一棵遮住小树的高大树木，我想我的孩子了，开始变得有些多愁善感。

旅程结束时，我再次做了认知测试和问卷调查。如果你第二次的得分超过第一次10分，基本上证明你需要尽可能多地融入大自然。如果你两次的分数相同或第二次变低了，那么你就应该回家打开电视多看看欧洲足球。我第二次的得分提高了5分，意味着"该徒步特别适合您，您应该抽时间再试一次"，科尔佩拉给我翻译道。整个旅程的感觉都有点像在《小姐》

（*Mademoiselle*）杂志末尾做个性测验题，比如"你最喜欢吃的零食暴露了怎样的你"，或者是网上的"你最像哪个布偶"。20世纪20年代，卡尔·荣格（Carl Jung）有关人格类型的文章让心理问卷得到了普及。我不确定他是否想到了"青蛙柯密特"（Kermit）小布偶，但人们钟爱这些测试。如果这些测试还能让人们更多地出行，那就再好不过了。

根据我的认知测试分数和我的血压结果还不能得出结果。我的"图片找碴"的得分是一样的，收缩压下降了6个点，但舒张压上升了9个点。很多因素都会影响血压，包括喝了多少水，所以我对此打了个问号。不过，我的心率还是下降了1个点。在徒步之前我很放松，之后也很放松。当下，我决定前往一家农场咖啡馆，点了金盏花茶，品尝了芬兰巧克力。我开始怀疑：一直以来对大自然乐趣的报道是否让我在精神上保持稳定，让我不那么容易成为研究对象了？

然而，对于压力过大的劳动者，科尔佩拉认为简短、定期造访绿地具有释放日常生活压力的巨大潜力。根据他的研究，他说："30到40分钟的步行似乎足以使人产生生理和情绪上的变化，很有可能对注意力也有好处。"

每月5小时的建议，适合我们这些需要短暂休息的人，也是抵御日常生活压力的方式。但是，如果你不仅是一个疲惫的上班族呢？如果你有更大的问题怎么办？这将由苏格兰人和瑞典人给出答案。如何才能让已经严重抑郁的人走进树林或花园，并停留一段时间？12周内应该可以解决这一问题。

7

享乐花园

放空，正是我需要的。慢慢地，闲置了几个月的大脑都活跃了起来。[129]

——海伦·麦克唐纳（Helen Macdonald）

索利·麦克莱恩（Sorley MacLean）的盖尔语诗歌《哈莱格》[130]（*Hallaig*）中，主人公在19世纪苏格兰高地大清除期间①被迫离开自己最爱的树林，前往美国。很多苏格兰人都深深爱着这首诗，因其在悲剧中直接表达了苏格兰的民族情绪和对土地的热爱。"我在想到这首诗的时候，不禁潸然泪下，而我是个英格兰人。"生态学家彼得·希金斯（Peter Higgins）对我说。苏格兰的景色，和芬兰一样，代表着一股团结的力量，深深根

---

① 高地大清除：18至19世纪，英国汉诺威王朝为了扩展羊的繁养地域，对苏格兰高地人施行的强制迁居。——译者注

植于在这样的风景中长大的人心中，也根植于盖尔语本身。比如 "weet"（小雨），"williwaw"（由于重力的缘故会形成的携带稠密空气的风），"wewire"（快速掠过，比如叶子在风中快速飘过）。好了，w 开头的词就讲这么多，下面这个词就很特别了，"crizzle"，正如流水被冻住的声音 [131]。

尽管满怀对土地的爱，苏格兰却有芬兰和韩国没有的分裂感，不光是一直以来的是否要从英国独立的问题。城市的穷人与土地脱节，也没有苏格兰强大的坚韧精神。有些人会说这二者是相互关联的。因此，苏格兰对自然的态度夹杂着更多绝望的味道，体现的是文化与人的幸存。在户外多花一些时间的想法正在成为苏格兰人重新获得健康和卫生的重要工具。

苏格兰的社会脱节现象在格拉斯哥表现得最为明显。刚到这里，我立马就被酒店楼下穷困潦倒的气息所震撼。爱丁堡是座可爱的城市，满是保存良好的石建筑，大学生们来回穿梭，旅游的人在挑选粗花呢服饰，《哈利·波特》（*Harry Potter*）的粉丝们也在其诞生地大象咖啡馆（The Elephant House café）前疯狂地自拍。然而，格拉斯哥的市中心却让我想起了 20 世纪 30 年代纽约曼哈顿南部的鲍威利区（Bowery）：白天，路上就有衣衫褴褛的醉汉，年轻人忧郁地吸烟……这里的社会底层大部分是白人，有毒瘾，不好惹。

格拉斯哥的部分地区有着欧盟最低的平均寿命，一些居民区的男性平均只能活到 54 岁，而 12 英里以外的地方的数字是 82 岁 [132]。形成这个差别的 60% 的原因是四件事——毒品、酒精、自

杀和暴力。与酒精相关的死亡人数在1991年到2002年期间增加
了四倍。主要根源是，20世纪70和80年代，英国各个城市之间
的经济差异不断扩大，这里的制造业和采矿业不断萎缩，有四
代人失业[133]。

格拉斯哥大学英国流行病学家理查德·米切尔（Richard
Mitchell）奋发研究种种差异。芬兰和日本的自然研究针对的是
受过教育的中产阶级，米切尔关注的则是穷人。他花了多年时
间来研究预防酗酒和肥胖的有效方法。但现在，他已经将目光
转向了环境本身。他一直好奇，为什么有些地方能让人健康，
有些地方不能。他对荷兰的研究很感兴趣，开始观察绿地分布
的地图。荷兰的研究显示，生活的地方如果有半英里的绿地覆
盖区域，会显著地促进身体和心理健康，包括减轻糖尿病、慢
性疼痛，甚至偏头痛。米切尔想知道这种关联背后的主要原因
是否仅仅是身体锻炼的作用。

这个假设很有道理。我们在大自然中，通常都是自发地向
前走，吸入氧气，这样可以将肺和心脏的毛细血管从平常趴在
办公桌前被挤压的状态中拉伸开来，并暂时阻止端粒①的缩短，
停止衰老。锻炼身体能解决所有事情的看法已经深入大众对健
康的认知，人们甚至忽略了其他重要途径，如戒烟和洗手。

因此，米切尔开始大量阅读欧洲关于大自然修复效果的大

---

① 1990年起，凯文·哈里将端粒与人体衰老挂上了钩：细胞越老，其染色体
端粒长度越短；细胞越年轻，端粒越长。端粒与细胞老化有关系。——译者注，
来自网络

型研究结果，并对大量内容不以为然。这些发表于21世纪早期的研究，将人身边的自然与延长寿命、减少慢性疾病，甚至增加婴儿出生体重等一切事联系起来。正如他所说，这太过混乱了。因为，最有可能靠近大自然的人可能已经非常健康、经常锻炼，而且已经相对富裕了，那么还能说他们的健康是因为自然呢？以米切尔自己为例，他在20世纪80年代埃克塞特（Exeter）附近的荒野上跟随父母长大。他在家里的阁楼上阅读《国家地理》，弹奏低音吉他，享受了早期地理藏宝（geocaching）形式的游戏乐趣——寻找信箱①（letterboxing）。他的父母一直觉得他能成为一名科学家，他真的做到了。如果说他的成功是因为沐浴春风，那该多么荒谬，因为他会说其实这一切的功劳都属于他最爱的火腿三明治。

除了混乱之外，"理解锻炼本身，要比理解自然和树木更容易"，他说。神经科学在关于身体锻炼的问题上是无懈可击的。运动会让大脑发生改变，改善记忆并减缓衰老，还可以改善情绪，减少焦虑。对儿童来说，还可以提升学习能力。一些研究表明，身体锻炼的效果和用以缓解轻度抑郁症的抗抑郁药作用相同，而且不会产生不必要的副作用。相比之下，我们身体的惰性每年都会导致全球190万人死亡，这对整个人类来说前所未闻，并且越来越严重。工业化时代前，人类每天的体力活动

---

① 寻找信箱：一种户外爱好。通常人们会将小的、不容易腐烂的盒子藏在公共场所，如公园，并将其位置线索在特定的网络上公布或口口相传。里面一般会放一个笔记本和橡胶印章。——译者注

都会消耗大约1000千卡的能量[134]，而现在我们每天平均只消耗
300千卡。

但阅读日本的研究逐渐改变了米切尔的思想。这些研究显
示，人在森林散步比在城市散步时压力小。还有一些研究则表
明，住在公园和绿地附近的人更健康，即便他们不一定去这些
地方锻炼身体。那一定是别的因素起了作用，而这些因素很有
可能会改变人们的生活。

但他仍然没有贬低运动的作用。正如本书所示，人在自然
中所处的时间似乎有个效果曲线。5分钟的效果可以，30分钟
的漫步更好。当你将运动和自然结合起来时，效果会变得更好。
"也许单纯只是叠加的效果，但也许不止于此。"他说。为了让
我更明白，他邀请我一起漫步，这是英国最受欢迎的消遣活动，
尤其是还能喝到威士忌的时候。

◇◇◇

我和米切尔在他学校的一间没有电梯的顶楼办公室见了面，
他是这里的环境社会和健康研究中心（Centre for Research on
Environment, Society and Health）的负责人。米切尔不胖，但很
壮，也很高，得把身子缩起来才能上车，他把车开到城镇边缘。
我们要爬的当姆哥山（Dumgoyne）是环绕北边城市的部分火山
山脉。米切尔穿着登山鞋，背包里装满了"防水物品"，还带了
两根登山杖。他打量了一下我的旧运动鞋、一摞笔记本、相机
和录音设备，要把他的一根手杖给我，但我没有要。这是一个
美好的六月天，乡下满是令人眼花缭乱的绿色。这里是格拉斯

哥最受欢迎的一日徒步线路，我以为路面会比较干燥，地也会
踩得坚实，毕竟我已经习惯真正的山了。

没想到，这便是我在苏格兰漫步的第一个惊喜：这里其实
根本没有路。这里太过潮湿了，植物也特别茂密，草的生长速
度让人根本没法去踩坏。人要走在一丛丛的莎草、苔藓、岩石
和三叶草上，还要直上直下。

"这会让你心跳加速。"他说。的确，心跳加速持续了大约
一个小时。沿路的风景美不胜收，我们越过古老的石栅栏，旁
边一朵朵粉红色的洋地黄盛开着。绵羊在地里吃草，茶隼在头
顶盘旋。在山顶，我们遇到了一些童子军。他们身后广袤的苏
格兰绿地360度一览无余，一直向西部高地延伸。绿色席卷了
大地，模糊了道路和房屋。

我们吃了三明治，拍了照片。在下山没走多远的时候，我
突然滑了一跤，划破了手，但保住了笔记本。米切尔没有说话，
又把登山杖递给了我，这次我接受了。我问他为什么苏格兰人
对他们所谓的漫步（rambling）如此疯狂。（或称"hiking"，一
个为过夜的背包客而设的术语，如今有些嬉皮士的味道了。）
米切尔耸耸肩说，这可能是因为英国友好而古老的漫步权法律
（right-to-roam laws）比其他地方更宽松吧。如果不偷羊、不挖
栀子花、不捉房东的雄鹿，英国就允许你在私人土地上的任何
地方落脚。步行是苏格兰最受欢迎的运动[135]，每年有220万人次
短途步行，180万人次长途步行。我并没有找到蜱虫叮咬的数
据，但米切尔说他每年都会从皮肤上挖出两三个蜱虫。

我们遇到了一对行色匆匆的夫妻，他们想要快点赶到山下的格兰哥尼酒厂（Glengoyne），这时我才真正明白这里的全民爱好。苏格兰的山丘是泥炭地，每个地区的土壤、水分、温度和光照都略有不同。许多正宗的单一麦芽威士忌用的都是周边沼泽的烟熏大麦，这便是苏格兰的风味。我们经过一条小溪——在这里叫作"burn"，在给酒厂供水后便汇入罗蒙湖（Loch Lomond），罗布·罗伊①（Rob Roy）曾在这里的洞穴里躲避追兵。近一个世纪后，华兹华斯也在这里爱上了一位挤奶女仆。对苏格兰人来说，每次漫步都伴随着诗歌、精神、热血、反叛和民族向往。

◇◇◇

我们结束旅程，回到了办公室，米切尔向我展示了一张颜色鲜艳的统计图表。在他与同事弗兰克·波帕姆（Frank Popham）在《柳叶刀》上发表的一项研究中，他们对邻近的英格兰带有绿地的地方（文中定义为"开放的、未开发的土地，包括公园、森林、绿茵地和河流廊道等有自然植被覆盖的地方"）的早期死亡率和致死疾病（针对65岁以下的人群）进行了比较，这是一项庞大的研究，共计有4000万人的记录。"我们比较喜欢以死亡作为结果，"米切尔打趣道，"我们知道，如

---

① 罗布·罗伊：全名罗伯特·罗伊·麦克格雷格，1671年3月7日出生于苏格兰，被称为苏格兰的罗宾汉。1712年开始落草为寇，1722年被捕，晚年加入天主教，1734年12月28日去世。司各特的小说《罗布·罗伊》中有对其生平的描述。——译者注

果人死了，肯定是有问题的。"

在绿地较多的社区，调整收入后，死亡率降低了。但值得注意的是，罹患肺癌死亡的人数并没有减少，因为肺癌并不是与压力相关的癌症，而且它被正确地预测出不会与绿化相关。然而，心脏病死亡人数下降幅度达4%至5%，考虑到调查人口众多，这代表的是很大的数字了。但当他们专门研究不同收入水平群体的死亡和疾病时，又出现了一些有趣的模式。研究表明，绿地最少的地区中，疾病与收入的关系很大。在这些地方，穷人死亡的可能性是富裕邻居的两倍。而在绿地最多的地区，穷人的死亡率数字要好看很多，并开始接近富人的寿命了。换句话说，对于贫困人口来说，绿地有一定的保护作用，要么可以提供更多的锻炼场所，要么可以缓解与贫困相关的压力[136]。

说到这里，要发布一个正式的警告了。虽然这项研究非常庞大且经过了仔细分析，但这是一项横向研究，并不是病例对照研究，这意味着它仅仅采集了一个时间点的数据，很难肯定地说减轻疾病的效果是来自绿地而不是其他东西。因此，为了了解更多信息，米切尔后来分析了地图，研究了来自34个欧洲国家的2.1万名居民的周边地图、社区服务（不仅包括公园，还包括交通、商店、文化设施等）和心理健康数据，他于2015年在《美国预防医学杂志》（*American Journal of Preventive Medicine*）上发表了这些数据。

"只有一种社区服务似乎与心理健康的不平等有关：绿色的休闲服务。"他说，"事实上，比起那些最难获得绿色休闲的人群，最容易获得该服务的人群少了40%心理健康不平等的状况[137]。"如果奥姆斯特德也知道这一发现，他会非常高兴的，因为这可以帮到赤贫人口。公园的确能起到社会地位的协调作用。米切尔有自己的说法：公园有"平等基因"，会"打破不平等"。

　　但一个奇怪的难题出现了。米切尔关注苏格兰的数据时，发现这种模式其实并不明显。穷人中最穷的人根本无法获得绿色空间，即便绿地随处都是。正如我们所见，格拉斯哥满是绿色也照样如此，枉费格拉斯哥的名字为"亲爱的绿地"的意思①。公共住房附近的林地被忽视、被破坏，并成了痞子们的活动场所。他们最喜欢的公园消遣就是打开绿色垃圾箱（蓝色垃圾箱他们才不会碰），点着火，然后吸烟雾。毫不奇怪，这些绿色的区域反而是压力的源头。简·雅各布斯（Jane Jacobs）在她1961年的经典著作《美国大城市的死与生》（*The Death and Life of Great American Cities*）中预料到了这一点，她将大多数城市公园贬低为"放大了沉闷、危险和空虚的地方"。她的解决方案是将孩子们带出去，为人行道和公园增添活力。她说，街道和人行道才是城市的生命，而公园不是。（她没有预见儿童在人行道走失的问题，以及肥胖和慢性疾病会惊人增加的问题。）

　　另一方面，米切尔也看到了公共社区的衰败，公共卫生专家在这里有机会发挥作用并在努力做出改变。苏格兰政府最近

---

①　格拉斯哥（Glasgow）名字来自布利吞语的"glas cu"，指绿色的空地。——译者注

在采取一些强有力的政策。其一是清理林地，加强对压力人群的医疗和心理健康治疗；其二是全民步行战略，鼓励社区改善道路路标，组织健康步行，让人们起身上路。这可能是一个极具挑战性的任务。思考一下来自电影《猜火车》（*Trainspotting*）中的场景，伦顿（Renton）说过："而我们则被烂老二殖民，连像这样的文化都找不到，被他妈的烂老二统治是很衰的，就算有全世界最新鲜的空气也没用。"但他们也会尝试改变。

"亲爱的绿地"格拉斯哥及很多其他地方的政府都规定，每个人都应能进入距家500米范围内的安全林地。因为要供人享用，绿地就必须靠近人们。为实现这个目标，苏格兰正轰轰烈烈地进行着植树和林地开垦，目的是将苏格兰的林地覆盖率从17%提高到25%[138]。可以步入自然环境，成了苏格兰新的健康指标，如果你在眯着眼睛想象美国国会怎样通过这样的标准，你就会意识到这是多么了不起。

无论是散步还是其他，苏格兰都非常热衷于林间的救赎，并正在资助一项名为"分枝"（Branching Out）的计划，在户外提供精神保健服务。苏格兰林业委员会（Forestry Commission Scotland）的健康和休养顾问凯文·拉弗蒂（Kevin Lafferty）邀请我一起来体验，我便和一群曾经的重刑犯和毒瘾者一起，在橡树上用泥巴画脸。这背后的科学道理是，林地项目每周进行3小时，持续12周后，就可以减轻人的抑郁症状，增加社交能力、自尊和体育锻炼。

有时你会遇到从事职业得心应手的人，他们有超常的能力，而且与自己的工作完美匹配。这明显是个很高的要求，而我遇到了两个这样的人，他们是汤姆·戈尔德（Tom Gold）和理查德·博尔顿（Richard Bolton）。戈尔德在林业委员会的休养部门工作，教授技术，比如教分枝计划的参与者搭建木房。博尔顿则类似于当地公园的护林员，就职于格拉斯哥郊外一个名为卡斯尔顿（Cassiltoun）的大型公共住宅中。在通往卡斯尔顿林地的高速公路上，戈尔德打开了车窗。"对不起，我有些受不了空调。"他说。

高大，体宽，就像"劈柴比赛"的冠军一样，戈尔德必须在轿车中缩起身子，很容易能想到他在山上摇摇晃晃的样子。"我的专长是丛林生存技能，能让户外活动变得更加舒适而不会浪费资源，"他说，"食物、火、木屋，有很多方法可以弄到这些东西，完全不用破坏环境。它和需要伪装、陷阱、装备、武器，对环境不友好的生存训练不同。我们显然不会做那样的事情。""我们"指的是这些计划的参与者，其中很多人都是最近从各种各样的机构来的。戈尔德一生的大部分时间都在心理健康和环境的交叉领域中度过。他首先在美国亚利桑那州的荒野中针对年轻罪犯的项目中担任领导者，后来又在苏格兰一个牢固的精神病院工作，经历了问题收容工作的两个极端。在亚利桑那州，他试图说服男孩子们，用燧石和钢铁比用打火机生火更加靠谱。"我在证明自己的时候，吸了一整根烟，差点昏倒。"他看到男孩们身上发生了很大的变化，但很多人回家后又加入了帮派。他说："我向这些年轻人呼吁，不要回到那种地方，不要受朋友的堕落行为的诱惑。"

而在精神病院中——"没有人可以踏出栅栏一步,"戈尔德说,"如果自然的项目真的可以助人恢复,那他们也不会享受到的。"

因此,他希望分枝计划既能有像"在森林中戴上帽子行走"的短期益处,又能涵盖更为经典的疗法中的长期行为改变。自2007年实施以来,分枝计划已经有了约700名参与者,包括了步行、丛林和林地艺术、维护小径和观鸟等活动。该计划的目的就是帮助人们从救助机构过渡到更独立的生活。对于情况最为严重的参与者,它在促进锻炼和增加幸福感方面特别成功。

"我们称之为生态疗法,"戈尔德说,"其实我更喜欢'冒险疗法'这个词,但这会让一些人担心他们会穿着湿透的粗布套头衫被蚊子吃掉。"分枝计划会根据需要提供交通工具、雨靴和防水服,以及所有必需的零食。排队等待参加的人很多。

我们从高速公路上下来,开车前往旧的卡斯尔顿停车场,在那里我们遇到了护林员博尔顿。他没有那么魁梧,而且很随和,有着不紧不慢的感觉。他解释说,卡斯尔顿是1.3万名福利受助者的家。这里的失业率为39%,13%的人深受毒品问题折磨,有心理健康障碍的患者比例几乎是全国平均水平的两倍。

但具有生态背景的博尔顿认为,树木可以帮助改善这一状况。他带领我们走入森林内部,虽然阳光明媚、枝叶繁茂,但林间过去的不良行为的痕迹依然存在。(这种情况下,森林与人并没有太大的差别,因为都留着一股败坏的味道。)就比如,我不习惯看到树上的涂鸦。"你以前应该看过的。"博尔顿说。在这里工作的三年里，他清理了杂草丛生的小道并拖走了120吨垃圾，其中包括一个被人为烧坏的公共汽车候车亭（连同轮式垃圾桶）。"难怪他们会早死。"他说。

为了帮助传达安全感，他经常在这里给上学的孩子们上课。在过去的一年里，他帮助组织了108个不同的文化和教育活动，带领了晚间健康行，并发起公园的员工培训。在接受过培训的公共住宅住房居民中，70%的人都先后找到了长期工作。他就像《仲夏夜之梦》（*A Midsummer Night's Dream*）中的精灵帕克（Puck）一样，将所有人聚集在一起，享受美好的森林，并相信他们会回到家里，会一切安好。他还像韩国的森林康复师，一部分是自然主义者，一部分是社会工作者，还有一部分是神话的创造者。他的这个工作是以前不存在的类型，因为以前并不需要。我们曾经与大自然非常熟悉，但现在却需要专业人士帮助我们重新认识森林。很快，我们可能就需要老师来提醒我们如何面对面和人交谈了。像哺乳顾问，或在视频网站上向我们展示如何烤面包的人一样，博尔顿现在充当的就是文化的拯救人角色。

但现在，这意味着"怪物"成群。一小群抑郁症患者、罪犯和戒瘾者聚集在路上，博尔顿正在展示如何用黏土制作"绿人"并粘在树上。参与者的犯罪史和精神病历并没有透露给戈尔德和博尔顿，他们的工作就是专注当下。博尔顿来来回回地走动，说着友善的独白。"我一路上收集了碎片和叶子，我可以把它们摘下来当图案，就像这些悬铃木叶一样。嘿！这是一片冬青叶。"他像一只啄食的公鸡一样将它们从地上捡起来，"临时艺术的好处就是你不喜欢的话，马上就可以重新开始。你会注意到一些树叶是毛茸茸的，一些就很光滑。我是不是应该多加一点颜色？"

一个身穿黄色风衣的老男人只说了一个字："是。"博尔顿拂过一棵树，上面沾满了闪闪发光的五彩"纸屑"。"当地一家幼儿园把它当作仙女树，"博尔顿解释说，"他们用闪粉的时候有点笨手笨脚的。这一片其实来自青柠树，这种叶子有个小小的叶尖。林地真的可以激发人的灵感。"

他们聚集在一起，看他用泥土做出尖尖的鼻子，用蕨类植物做着胡子。一些参与者看起来不耐烦，另一些却很感兴趣。他们的雨衣敞开、歪斜地挂在懒散的身体上。对很多人来说，这是他们本周第一次出门，但他们还是很配合。他们已经参与了六个星期的项目，知道要做什么。其中有一个二十出头的有些矮胖的男人，留着莫霍克人的发型，穿着一件宽大的蓝色运动衫。他告诉我，他自己更喜欢丛林生存技能，不喜欢艺术。"我喜欢生火和野营，"他说，"小时候和祖父一起做过这些。"他最近刚出院，脖子后面有几道伤疤。他很高兴能像普通人一样做事。他抓起一把松针，将它们插到黏土中做成了眉毛。

每个人似乎都被吸引住了。制作临时艺术是一种人们既可以聚在一起，又可以没有高风险地畅游在自己空间里的方式。我们尊重对方的世界，向对方点头和应和。参与者有着各种各样的年龄、肤色和感情。他们准备好吃零食了。这时戈尔德登场，拿出一个叫作凯利水壶（Kelly Kettle）的巨大金属罐。我们看着他展示如何燃起一簇小小的火焰——首先用来自舍伍德森林（Sherwood Forest）的一个弓形工具，然后当它不起作用时，就用燧石和棉球。说实话，都不如打火机点火快。最后，他把点着的树枝掰弯了绕在水壶周围，很快水就烧开了。我们喝了茶，吃了饼干，这正是苏格兰人即便在森林里也要保持的习惯。许多人还有格拉斯哥人特有的爱好，掏出了香烟。他们回到家时，疲惫的感觉刚刚好，会庆幸自己在没有任何重大失误的情况下度过了社交出游，并期待下周的安排。

对于这样的项目，社交占据了其中很大的部分。正如戈尔德所说："如果你经过长时间的心理治疗后重返社会，你不会去格拉斯哥皇后街车站看看自己与人沟通得怎么样。你会选择在一个小组中做这样的事，任何问题都可以由那些特别理解你的经历的人用温和方式来处理。"

◇◇◇

从维京人的航海伟业到户外拓展训练，野外性格训练已经有悠久的历史了，"分枝"只是其最新的体现。美国最著名的户外教育计划——拓展训练（Outward Bound）起源于1939年，由一位德国犹太教育家和一位对波涛汹涌的大海有着强烈感情的英国人创立。随着战争爆发，他们觉得年轻人没有表现出足够的韧性、领导能力以及户外训练能力。英国本身并没有太多的野外环境，但它可以提供足够的大海、海岸线和数英里的沼泽。至于精神治疗，欧洲有精神分析的传承和借助自然功效配合水疗的传统，所以这二人在北欧的关怀医院会面也许是注定的。有趣的是，实际上是美国早期的一位心理学家本杰明·拉什（Benjamin Rush）首次将自然疗法的概念应用在对精神病患者的治疗上的。他在1812年的一篇论文中说："医院中协助砍伐木材、生火、在花园里挖掘……的男性精神病患者往往可以康复，而那些病情严重到不能进行此类活动的人只能在医院的病房内消耗生命[139]。"

他的改革观念缓慢地改变着美国和欧洲对精神病患者的治疗方法。长期以来，弗洛伊德一直怪罪城市和文明有着不健康的抑制作用，至少有部分抑制作用。但在第一次世界大战之后，精神疾病治疗进入了一段漫长的混合期，由精神卫生保健转向药品、气候控制和管理式医疗。考虑到自然疗法现在已经慢慢恢复流行，瑞典可能是尽最大努力将其应用起来的国家了。

约翰·奥托森（Johan Ottosson）的经历似乎适合在这里提起。在20多年前一个寒冷的冬日，奥托森骑着自行车上班途中被一辆汽车撞倒，在空中飞了几英尺，一头撞在岩石上。在接下来的六个月里，他都在沿海的一家医院中努力恢复生活的基本技能（他再也不能独立阅读或写作了）。这是一个悲惨、可怕的故事。虽然医生和治疗师的努力都很有效，但是奥托森说，真正让他摆脱绝望和深度抑郁的，是附近的陆地和海洋。

"我只是有想要出去的强烈感觉，想去我感觉最好的地方，"当我去瑞典南部看他时，他回忆道，"我与石头有很强的联系。

有一种理论认为，如果一个人身体状况不佳、精力不足，就不能与其他人相处的时间太多，但你可以和动物、植物、石头和水在一起。"奥托森对自然的治愈力量深信不疑，因此他去瑞典农业科学大学（Swedish University of Agricultural Sciences）的工作环境、经济和环境心理学系攻读了该领域的博士学位。

他极具说服力的论文中包含了自己康复期的很多细节，以第三人称写成。起初，他只能在岩石上找到安慰。"就好像石头在对他说：'我一直都在这里，也会永远在这里；我全部的价值就是我的存在，无论你成了什么样的人或做什么，我都不会在意。'……这种感觉让他平静了下来，内心和谐。他自己的情况变得没有那么重要了。世上出现路过它的第一个人以前，这块石头就早已在那里了。随着他逐渐康复，他将注意力转向海浪，然后逐渐转向植物，特别是橡树。"[140]

奥托森的研究很大程度上依赖于20世纪中叶的美国心理学家霍华德·瑟尔斯（Howard Searles）。瑟尔斯最有名的是他对精神分析过程中移情（来访者将情感投射到分析者身上的过程）的深刻见解，瑟尔斯同时认识到自然可以是很有价值的移情对象。瑟尔斯曾在马里兰州的一家乡村精神病院工作，在那里他亲眼看见了这种现象，他写道："对人类个性发展几乎没有什么影响的非人类环境，却是人类心理存在的最重要的原因之一……近几十年来，我们从一个世界发展到了另一个世界，一开始自然界的生物占据主导，或者近在咫尺，而在后来的世界中，科技成为主导，异常强大却冰冷麻木。"要知道，这可是他在 1960 年说的话。

我在安纳普（Alnarp）的学校办公室里拜访了奥托森。63 岁的他患有帕金森病，也继续依赖助手进行阅读和写作。他说话时，上身会慢慢地移动。他在瑞典各地都进行过演讲，令他很惊讶的是，有很多人都告诉过他类似的自然治愈经历。但令他痛心的是，现代医疗的主流基本上已经忘记了拉什和瑟尔斯的见解。"100 年前的医院会建在漂亮的公园附近，这是不言而喻的。但大约在 1930 年或 1940 年之后，人就被当作机器来对待，在获得能量和药物之后就没有其他了。我们刚刚开始获得更全面的认识。"

从奥托森的办公室出来，在这栋美丽的古老城堡式建筑中，还有帕特里克·格兰（Patrik Grahn）的办公室，他是瑞典近期"园艺疗法"复兴的领路人。园艺疗法就是将植物栽培和花园布置作为治疗策略的方法。猜猜是谁激励了他？正是奥托森。然而格兰并非没有自己的动机。作为一名景观设计师，他在 20 世纪 90 年代初期在密歇根州遇到了卡普兰夫妇，不久之后他就研究了人们在瑞典兴建城市公园的原因，他找到了当时令人惊讶的答案——心理健康。随后他遇到了奥托森。"他告诉了我他的经历，我们开始做一些研究。我们对治疗性的花园景观有大胆的想法。"格兰说。格兰是在拉普兰（Lapland）长大的，小时候喜欢采摘云莓、捕捞鳟鱼和鲑鱼。

在大学的资助下，他们开设了附近的治疗花园，配有玻璃圆顶温室、水景、花坛、菜地、小径和各种小型建筑。格兰在

5 月的一个阴天的下午带我去了。首先迎接我们的，是一个欢快的红色花园厨房，周围环绕着宽阔的木板，可以眺望田野。它的座右铭可以用爱默生在《论自然》（*Nature*）中的话来说："田野和森林带给我们的最大喜悦在于揭示了人与植物之间神秘的关系。因而，我并不孤立，也不是遭人冷落。它们向我点头，我也向它们点头。"[141]根据格兰从奥托森、卡普兰夫妇处和他自己的实证研究中了解到的信息，他认为一个有效果的花园应该包含从安全到有吸引力，从自然主义到物种多样性的许多要素。

天气很冷，下着牛毛细雨，所以格兰带我来到了温室，治疗师安娜-玛丽亚·帕尔多蒂尔（Anna-María Pálsdóttir）从盆栽植物上摘下几片叶子，并泡了柚子茶。她解释说，安纳普的标准治疗方案的计划是 12 周，就像分枝项目一样，但参与者每周要来四次，每次 3 个小时。安纳普的花园专门治疗工作压力过大的患者。他们通常是请病假，在某些情况下一请就是几年（在瑞典可以请这样的病假）。他们非常沮丧、昏昏欲睡、孤僻，经常还有其他健康问题。大多数人在服用多种不同的药物。他们到达这里时，"除了试图活着之外，已经切断了和其他一切的联系"，帕尔多蒂尔说。

她描述了患者的典型治疗过程，和奥托森恢复期间的经历有些类似。最初几周，参与者经常要花时间独自躺在花园里，无论是在吊床上还是在地上。由于该计划全年运作，他们会根据需要穿上大件的隔热雪地服。帕尔多蒂尔说："由于严重的抑郁症，很多人对任何东西都没有感觉，他们的下巴以下几乎都失去了触觉。作为治疗的一部分，他们的身体会和大脑再次相连。他们与植物的联系会训练他们关注当下。他们慢慢也开始去注意一些事情了，比如，今天喝什么茶，或者现在我可以品尝和享受咖啡了。这些会帮助他们安定下来。"

一位名叫塞西莉亚（Cecilia）的中年母亲曾患有严重的抑郁症，她参加过该项目，后来告诉我说："我在树篱附近发现了一个吊床。我很高兴能发现自己生活之外的事物。我的大脑学会了接受鸟和风，只是这样。这是我想到的第一件事。"

"我们教患者使用感官。"帕尔多蒂尔说，"最终，我们会做创意活动，比如挑选一朵代表你情绪的花朵，堆起你想堆的肥料。我们经常会把来自自然的事物当作好事或坏事的标志。如果愿意，还可以留下来独处，也可以帮助做园艺。你可以随便发挥。"

格兰补充说："正念是与生俱来的。"他在饮茶间隙抽出了一些基于多年发表的研究所总结的图表。在该计划结束时，患者会表现出"减少20%的症状，但实际上效果比这更好，因为生病和不生病的差异是很大的"，他说。根据世界卫生组织的统计，27%的欧洲人口，即8300万人在2016年都患有至少一种精神疾病。如果能缩短人们恢复的时间，那么将节省巨大的费用。根据格兰的说法，安纳普60%的患者都在一年后重返工作岗位，这一数字高于其他治疗方案。基于六年的跟踪数据，"成本的效益相当高"，格兰说。"他们一年寻求基本医疗的次数从30次减少到了10次。"该计划相当成功，瑞典政府因此为其出资，并开始在其他地方推广，排队参加项目的人不计其数。

格兰正在研究花园对受到创伤的叙利亚难民和中风患者的影响。瑞典医疗保健系统用于心理健康的资金大约占了30%，但中风护理的成本更高。一般而言，患者会通过重复大量语言外加职业疗法恢复受损的大脑，但该过程十分缓慢而且很累人，这时花园的价值就可以体现了。"治疗精神疲劳没有确定的方法，所以我们希望能找到一种方法来治疗这个群体。我们希望环境可以帮助患者找到大脑新的运作方式。一位语言治疗师会把一个苹果展示给病人，并说这是'苹果'。但在自然环境中，患者可以说话，可以闻味，可以使用所有感官。因此从理论上讲，自然疗法是促进大脑不同部位协同工作的更有效方式。"

◇◇◇

这些计划能改善患者的心理和认知健康，背后的原因是极其复杂的，绝不只是关乎自然和感官。大自然似乎直接作用于我们的自主系统，让我们平静，但它也通过促进社会交流和鼓励身体运动，间接地起着作用。

我们从芬兰、瑞典和苏格兰的例子中得出欧洲医疗的新兴做法：要鼓励人们，特别是已经陷入困境的人群经常一起散步，并为他们提供安全、有吸引力的户外场所来活动。研究还指出了一些特别的去处：森林和海边。对英国人来说，他们去海边的频率比去树林更加疯狂[142]。基本上，离大海越近，就越快乐。埃塞克斯大学（University of Essex）健康与人文科学学院的研究人员发现，如果你住在英格兰风景秀丽的西海岸附近，即便在调整了收入因素后，你做运动的可能性也是其他人的九倍。正如流行病学家伊恩·阿尔科克（Ian Alcock）所说，如果你想要快乐，其实有一个很简单的办法："赶快结婚，找到工作，住在海边。"

进一步的分析研究得出，如果你感到沮丧或焦虑，在大自然中的社交活动可以提升你的情绪，比如和你喜欢的人一起散步；如果你想解决生活中的问题、自我反省或是激发自己的创造力，最好独自一人去安全的地方散步[143]。

我发现我基本都是一个人，因为我很喜欢与自己相处的时光。我也喜欢和朋友一起远足，但我觉得那样就要一直说话了。我要有单独行走的时间，特别是因为我发现它对于解决个人和其他方面的问题非常有帮助。那步行加自然到底有什么特殊的作用？在苏格兰的时候，我一直在思考华兹华斯、创造力以及想象力的本质。散步其实就是本质。虽然这些话题对神经科学家来说仍然有些神秘，但或许诗人已经有答案了。

8

林中漫步

我们散步时，会自然地走向田野和森林。如果我们只在花园和林荫道上散步，那我们会是什么样子呢？[①]144

——亨利·大卫·梭罗（Henry David Thoreau）

"致知在躬行"（solvitur ambulando）的观点在圣奥古斯丁（St. Augustine）的时代就已存在，但其实它的由来远比亚里士多德在吕刻俄斯学园（Lyceum）一边漫步一边思考、讲学的时候早得多。长久以来，人们相信在具有恢复性的环境中行走，不仅能让身体充满活力，还能使头脑清晰，甚至才思如泉涌，灵感迸发。法国学者弗雷德里克·格鲁[②]（Frédéric Gros）在

① 选自［美］梭罗：《带自己回家》，1版，南京：江苏凤凰文艺出版社，2015。——译者注

② 格鲁：法国哲学家，巴黎政治学院哲学教授，是法国中生代福柯研究的重要代表。——译者注

《行走，一堂哲学课》（*A Philosophy of Walking*）中提到，行走是"想放慢节奏的众多方法中最好的一种"[145]。托马斯·杰弗逊（Thomas Jefferson）通过行走来理清思路，梭罗、尼采以及亚里士多德通过行走来思考。尼采在《偶像的黄昏》（*Twilight of the Idols*）中写道："只有走路得来的思想才有价值。"卢梭也在《忏悔录》（*Confessions*）中说："只有在走路时我才能思考，一旦停下，便无法思考。我的心灵只跟随两脚运思。"

苏格兰明显享受着伟大的发明和长距离徒步带来的双重影响。苏格兰国家博物馆的墙上，写着蒸汽机（没错，就是蒸汽机）发明者詹姆斯·瓦特（James Watt）在1765年说过的一句话："我正是在格拉斯哥绿地公园（Green of Glasgow）散步的时候才意识到蒸汽是可以变化的形体，因此能够冲进真空当中……我还没走到高尔夫俱乐部，所有想法就成形了。"特斯拉也是在布达佩斯公园散步的时候发明了一台革命性的机器，而他们绝对想不到这些交通机械加速了行走的消亡。

关于锻炼和自然的讨论，梭罗认为："……我提到的步行，和锻炼无关……它本身应是每天必修的冒险和进取。"[146]他在《散步》一文中也写道："我每天都花上至少四个小时来散步，穿过森林，漫步在山丘田野，彻底摆脱尘世的纷扰。非如此，我的健康和精力便难以维持。"[147]

沃尔特·惠特曼也是这个话题的忠实追随者与传播者，甚至比梭罗更甚。他鼓励人们通过漫步让自己变得更加完美，更具阳刚之气。"无论你是文书、图书管理员、办公室职员、富翁还是懒汉，我给你们的建议都是一致的，站起来吧！只要你摆正心态，你就会发现这个世界充满了风情和美感（也许你现在正用无趣且反感的心态打量着它）。起个早去漫步吧！"[148]

　　如果说自然让惠特曼和梭罗头脑清晰并乐于探索，那么对于华兹华斯来说，自然带给他的则是清醒的心智。正如他在《丁登寺旁》一诗中所写，自然是"心灵的护士、向导和警卫，以及我整个精神生活的灵魂"[①]。

　　华兹华斯的敏感耐人寻味。不仅因为他是浪漫主义时期的苏格兰代表人物，是漫步最伟大的招牌（据估计，华兹华斯一生走过18万英里，边走边作诗），还因为他有太多旅途中的诗作，让他的心理健康与自然保持着紧密的联系。华兹华斯也是第一个有如此作为的近代诗人。说他是只会盯着水仙花看的自恋的自然诗人是不妥的，他近些年的拥护者——耶鲁学者杰弗里·哈特曼[②]（Geoffrey Hartman）认为，华兹华斯从根本上创造了现代诗歌［当然还有科勒律治（Coleridge）提供了些许帮助］，也因此从整体上拯救了整个艺术形式。我非常好奇华兹华斯是如何凭直觉就发掘了心理学和认知学中神经科学的部分内容的。如今，我们已然忘记诗人才是那个年代的哲学家，其中的佼佼者其实改变了历史的进程。

　　华兹华斯有一个艰辛的童年。他8岁丧母，13岁丧父，被

---

① 汪剑钊译本。——译者注
② 法国式解构思想在美国的最初发扬人之一，耶鲁学者，"耶鲁学派"成员。——译者注

送到冷血的亲戚家里抚养。当时钱不够用，兄弟姐妹们又没有住在一起。这一切所带来的压力无须赘言，更不用说这些事件都发生在诗人心智发展的关键时期。哈特曼自己也有着相似的经历[149]。1939年，9岁的哈特曼与其他一些男孩被法兰克福的一家犹太人学校劝退，后来他们住进了英国乡下一栋建筑物的附楼。他在那里待了6年，直到战争结束，后来他去了纽约与他贫困潦倒的母亲团聚。

哈特曼赞同并概括了华兹华斯的核心思想之一："自然助你做好万全准备，让你能够抵抗或者缓和冲击。它并没有否认冲击或者意外的存在，但是自然可以让心智成长，使其吸收或战胜冲击。"

2016年，在哈特曼去世的几个月前，我曾和他通过电话。他那时85岁左右，仍然住在纽黑文。20多年前，我在耶鲁时曾上过他的浪漫主义诗歌课。我希望他能再帮我弄懂一些资料，然而，他主要想谈的是华兹华斯在他早年经受孤独和冲击期间意味着什么。"我觉得自然的安慰、诗歌的享受，以及鼓励自己阅读，尤其是读华兹华斯的作品，让我的流浪生活变得没有那么不能忍受，"他解释道，"直到去英格兰之前，我从来没有享受过自然……因此去英国和读华兹华斯让我改变了对事物的敏感程度。"也许这也解释了为什么哈特曼在战后学术圈中会坚定地为华兹华斯争取一席之地。

哈特曼让我意识到，华兹华斯用自己感性的那部分专心感受[150]。自然之所以有意义，正是因为它能让思维融合，构成想象的基础。这也是写于 1798 年的长篇自传体诗歌《隐者》(*The Recluse*) 第一部分的中心思想。"独立的思想为何……能如此精巧地……契合于外部世界——又同样精巧地……外部世界也与独立的思想严丝合缝。"诗人坐在瓦伊河 (River Wye) 畔，赞叹于"让我们的眼睛安宁的，和谐的力量"是如何从"世界的热病"处获取平静的。很明显，自然将这种平静赐予哈特曼，我也相信这种平静在他最后的岁月中始终伴他左右。

华兹华斯有时也被认为是"旅游"的开创者，他的妹妹多萝西·华兹华斯 (Dorothy Wordsworth) 也应该获得同等的地位。她陪伴着华兹华斯一起走过很多地方，在 1803 年写下了《苏格兰之旅的回忆》(*Recollections of a Tour Made in Scotland*)。这是一本佳作，不仅因其将科勒律治描述成一个软弱的暴脾气，更因为它记载了很多像"吃了毛发没清理干净的煮羊头"一类的琐事。多萝西写道："相比于其他地区，我认为苏格兰最能让一个善幻想的男人求得他的乐趣。这里到处都是久驻的孤独，看看一个人的家就知道他是干什么的了。"

华兹华斯兄妹二人都是浪漫主义不可或缺的组成部分，他们一起对抗着吞噬田园风貌的工商业发展。虽然城市生活曾经给年轻的哥哥带来革新性的想法和刺激，但他后来却认为这些城市代表的是幻灭和滞胀，是一种"残暴的麻木不仁"[151]。城市并不能让人变得富有创造性，它的喧嚣和煤尘扼杀了人们的梦想，至少对哥哥来说是这样。

华兹华斯兄妹和简·奥斯汀 (Jane Austen) 处于同一时代。

1813年，简·奥斯汀的《傲慢与偏见》(*Pride and Prejudice*) 出版。用女性的步态来评价教养和健康的理念正当其时，但是这个理念同时也释放了女性身上所缺的独立品行，多萝西和奥斯汀笔下的女主角们都喜欢散步。散文家丽贝卡·索尔尼特 (Rebecca Solnit) 在《漫游癖：徒步旅行的历史》(*Wanderlust: A History of Walking*) 一书中指出，《傲慢与偏见》中的女主人公伊丽莎白·贝内特 (Elizabeth Bennet) 为了到达西 (Darcy) 家中照顾生病的姐姐而独自一人冲进泥泞的开阔地时，她便被同时打上了伤风败俗和迷人的标签。

到了19世纪早期，在启蒙运动、浪漫主义，及受梭罗和爱默生影响而萌芽的美国民族主义运动中，漫步及其狂热的支持者已经有了难解难分的关系。漫步是一种哲学性的行为，促进了与神性的直接联系。它是一种政治行为，将受教育的阶级与劳苦大众（他们当然会经常走路）联系起来。它还是一种智力行为，刺激想法和艺术的出现。旧时的漫步者支持的其实是一种激进的常识。

如今，不管是企业高管还是心烦意乱的"知识工作者"们，无一不对创造力有着执念，行走似乎有了新的形象。高管们举办"步行会议"，甚至靠安在办公桌上的跑步机履带行走（这绝对是个坏主意，还不如真出去走一圈）。世界各地的人们都痴迷于可穿戴的计步器，还组织社区步行。如果是这本书所描述的科学家们，他们在走路时还会带着便携的脑电图机，或者让他们的实验对象或是像我一样的好奇参访者，为他们的实验戴上设备出去走一圈。

◇◇◇

　　20世纪20年代，德国精神病学家汉斯·贝格尔（Hans Berger）的发现让我们看见了脑内的电波。贝格尔在年轻的时候是一名士兵，在一次落马后认为自己的大脑向姐姐发送了电信号，因此想要研究这种现象。他认为人类有可能观测到大脑中的能量转化为血流、电流，甚至是思想[152]。这个怪异的探索最终让贝格尔发明了脑电图机，可通过安置在头顶上的电极将信号通过图像记录装置转译出来。他将这种奇妙的装置比作大脑的镜子，虽然这么说有点过于理想化了。这个装置不能读懂或者反映思维，但它能捕捉电信号并对理解精神状态提供参考。贝格尔认识到 α 波会在人休息或者放松的时候出现，之后他又发现贝塔波（β 波）代表积极的思考和警戒状态，伽马波（γ 波）会在感知的状态中出现，德尔塔波（δ 波）则会出现在深度睡眠的状态中，等等。

　　直到最近，脑电图机都仍然难以操控。它需要将一个装配着几十个纽扣大小的电极的头盔紧紧地箍在头上，每个电极都连着一台电脑。脑袋戴着这个东西，看上去就像一只干瘪的海胆。但是现在，因为无线技术和微型处理器的发展，只要受试者不前后剧烈晃动脑袋，他们就可以带着电极走路了（所以我们并不知道在跳舞的时候大脑有着什么样的反应）。虽然脑电图机只能对大脑广泛分布的几千个神经元的平均电输出进行粗糙记录，但是对环境心理学的研究者来说，脑电图机能做的其实有很多。

2013年的一个小型但是具有先锋性的实验中，研究者要求十几个志愿者在苏格兰爱丁堡步行25分钟[153]。他们的路线覆盖了喧闹的市内大街、城市公园以及一条安静的街道。受试者们佩戴由加利福尼亚EMOTIV公司制造的新式便携脑电图扫描仪，他们只需要在头上戴上几条塑料触手。这个扫描仪只有14个电极，能够将信息实时传送至一台笔记本电脑。EMOTIV之后会将 α 波、β 波、δ 波和 θ 波的频率信号通过算法进行分析，区分短期兴奋、受挫、投入、觉醒以及冥想状态（这种设备我曾在缅因州的湖畔戴过）。

当这些苏格兰志愿者走进公园的时候，他们的脑波反映出较低的觉醒和受挫情绪，及较高的冥想水平。因为结果与注意力恢复理论相符，受此鼓励，研究者们又进行了更大型的研究，对象是120位城市居民。这个实验被称为"移动、情绪与场所"实验。

研究的带头人珍妮·罗（Jenny Roe）来自约克大学，她同意我佩戴脑电图机参与爱丁堡的实验。我在城里与她的神经科学博士后克里斯托弗·尼尔（Christopher Neale）见面。在整理好头发并涂完盐溶液之后，他帮我固定住了设备。"你的头发可真多，"他低声说道，"这就是跟老年人合作的不同之处，他们大多数都秃顶。"最终，设备开始传输数据，尼尔在离我十步远的地方带路，我们开始行走。

那是一个美好的六月天。我们前往查尔莫斯街，到处都是喧闹的学生、火车、摩托车和巴士。这很好，因为我知道这种环境会让我很紧张，我当然知道实验的设计（因此我并不是最理想的实验对象）。接下来我们前往草地，我已经准备要冷静下来了，但是没做到。这个公园到处都是野餐的人、婴儿车以及慢跑的人。便携式音箱从野餐篮里发出刺耳的声音，公园的环卫车在一条小土路上倒车。我的天啊，这些人让我的孤独感尽失。我在城市公园中就是这样的心态，但是想要提供积极脑波的压力让这种心态被放大了。看看草地吧，我命令自己，或者听听这该死的鸟叫。一辆自行车从我身边呼啸而过。我们走出了公园，来到一条相对安静的街道，最后在靠近国家博物馆的地方停了下来。尼尔从我颤抖的脑袋上拆下了设备，并保证一定会向我告知实验结果。

几个月之后，我从尼尔那里拿到了我的脑波分析。看到结果后，我的失望大于惊讶。"从报告中我们可以看到，在绿色环境里你的兴奋感、受挫感和投入感水平都上升了。"他写道，"这些结果意味着相比在城市的嘈杂环境中，绿色环境会让你更加投入和兴奋。有意思的是，你的受挫感持续上升，也许这是因为你所处的环境是一座新的城市，而且你在工作当中。"

也许更有可能的结论是，我也像华兹华斯一样，不喜欢人群。

无论如何，如尼尔所说，我"并不是一个典型的受试对象"。"我们最近使用了脑电图机的原始数据，老年人群的早期结果具有前景而且更符合我们的假设，即在绿色环境中行走具有恢复的作用。"我想起露丝·安·阿奇利曾经在摩押城说过，她认为不同的人对相同的"自然量"的反应不同。住在城里的人也许只需要看到一棵树就会激动或者镇定下来，但是其他人就需要更多自然。"如果你已经习惯了科罗拉多州的自然风光，你就会期待安静且壮丽的景色。"她曾猜测。自然就像咖啡因或者海洛因，你的需求没有底线。

看起来，我已经被自然惯坏了。

◇◇◇

或者我可以只当一个糟糕的受试对象。几个月后，我来到伊利诺伊州的乌尔班那，探访运动神经学家、攀岩运动员和哈雷摩托骑手阿特·克雷默。上一次我们是在摩押城见面的，他在一张躺椅上动来动去。很明显他就是那种坐不住的人。后来我在他位于伊利诺伊州贝克曼尖端科技研究所的有着63年历史的办公室里见到他时，他爱动的性格愈发明显了。作为该机构的主管，他拥有一间铺满木地板的大办公室，足够放下一台跑步机办公桌。

"每天一到一个半小时，"在我猜测他使用跑步机的频率时他告诉我，"配速是每小时1.7至2公里。"克雷默有着一双富有表现力的凹陷的眼睛、修剪过的灰胡子，整个人敏感而富有活力。他穿着一件皱巴巴的条纹T恤，让我怀疑他是不是把这件衣服压在哪里，刚刚才翻出来穿上。

克雷默在学术上有很多亮点，但是最大的一个是他发现了每天40分钟温和的步行运动能够让大脑免于因衰老而发生的认知衰退，尤其是执行功能、记忆以及精神活跃速度的退化[154]。而在锻炼方面，他则给出了一些建议：拥有良好的基因、让智力持续受到挑战、保持社交。他甚至建议组建步行读书俱乐部，对我来说，这听起来远不如窝在沙发里享受甜点和美酒吸引人。当然，感谢他的前同事和学生大卫·斯特雷耶，他开始研究自然在提升创造力方面的作用了。在参加过斯特雷耶的甜点聚会之后，他说："我觉得研究自然是个不错的选择，我们该探讨一下自然和运动的协同效应了，可以尝试在实验室将其分开。"

克雷默对斯坦福大学最近的一项研究很感兴趣[155]。这项研究显示，在跑步机上走路和在户外走路都能提升综合创造力，这种创造力指的是发散性思维，其中包括头脑风暴以及为一种问题提供不同的解决方法。这种研究并没有体现出行走能够提升聚合性创造力。这种创造力能够通过词语联想的测试得以提升，而斯特雷耶发现户外徒步者在这种测试上有着较大优势。（为了让大家能理解这项测试，举个例子：找到一个与"蛋糕""农家"和"瑞士"相关的词语——如果你没有因为特别饿而导致不能进行自由联想的话，答案是"芝士"。）但是斯坦福的研究并没有探究在纯自然环境中的情况。户外的部分囊括了校园道路、小巷以及庭院。斯坦福校园也许很美，但是里面充满了吵闹的人群以及交通工具，因为我亲自走过这条路线。所以斯坦福教授丹尼尔·施瓦茨（Daniel Schwartz）和他的博士生玛丽琳·奥佩佐（Marily Oppezzo）自然就会在步行会议中想到研究行走和创造性的关系，因为他们在行走的时候创造力爆棚。

抱着想要了解自然对创造性影响的目的，克雷默认为他应该在让志愿者上跑步机行走20分钟的前后都给他们布置运用创造力的任务。有的志愿者会处在虚拟现实创造的公园中，而有的志愿者是在城市的街道上。自然，我也想尝试，克雷默的研究生帮我准备就绪。实验一开始简直就是灾难，跑步机前的测试是词语列举。比方说，给出限定词"动物"，你必须在规定时间内列出尽可能多的动物名称。我做得很顺，有可能是因为我曾经在非洲的一个游猎农场里待过。在到时间之前，我甚至写下了"牛羚""大羚羊""黑犀牛"以及"水牛"这样的动物。这就是个问题，为了体现自然在提升创造力方面的作用，第一个测试不应该做得特别好。

现在我该上设备了。跑步机前有两面巨大的屏幕，上面播放着行走路线的3D画面。我用低配速起步，但是机器在没有窗户的房间里嗡嗡作响。这根本不是一个令人愉悦的自然环境！房间里又闷又热，机器发出的声音很大，图像在显示屏上发出刺眼的光。所谓虚拟现实在我眼里根本是虚拟大于现实。当我把目光从左边的屏幕移到右边时，图像质量差得让树看起来像蒙上了一层粉尘。接下来又有一道白光，图像会晃动，然后重置。我感到头昏眼花，跟上一次在实验室体验虚拟现实的反应一样。我向助手示意，让他在我受不了之前把它转为2D的图像。之后我又做了一遍词语列举的测试。

我整个人都晕乎乎的。

但是很明显其他人也跟我一样。克雷默后来告诉我，实验有点糟糕，实验室的技术出现了问题，尤其是"多屏幕上的场景呈现问题，及听觉和视觉场景元素不匹配问题"。也许人们是时候意识到自然在元素整合方面更高一筹了。

◇◇◇

摩押城之旅后，大卫·斯特雷耶在实验上的运气要比克雷默好得多。他按照自己的风格进行了户外行走研究。他告诉我："我们知道地里一片狼藉，有风有雨，但是待在实验室里会避开很多有意思的东西，因此我学会了微笑面对并承受结果。"

斯特雷耶决定利用犹他大学旁边的红峰植物园（Red Butte arboretum）。他想知道自然环境对步行者的记忆产生了什么影响，他还想知道使用科技产品是否会扰乱记忆——因为他是大卫·斯特雷耶，一个坐不住的摩托车骑手。在实验中，斯特雷耶以及他的博士生蕾切尔·霍普曼（Rachel Hopman）设立了三组实验对象，每组20人。第一组上交了他们的手机，在植物园里走20分钟之后参与再认记忆力测试。第二组也会进行相同的步骤，只是在走路的时候他们可以打一通长时间的电话。那天他们的妈妈肯定很开心吧。第三组则是对照组，他们在实验前参与记忆力测试。第一组，也就是没带手机步行的人，在行走之后的再认记忆力测试中识别率达到80%，而带手机的第二组识别率只有30%，对照组得分与带手机的第二组相似。

实验得出结论：自然环境下的步行能够提升认知，而使用科技产品会消除其好处。斯特雷耶对其十分满意。"我们的发现与其他研究的结果一致，步行能够提升记忆力。"另外他表示实验结果还跟卡普兰的注意力恢复理论相吻合。不打电话的步行者能够感受到卡普兰所说的神秘的"疏离感",在自然环境中对软性刺激更加开放,与环境相互包容,并且认为自己行走在一个广阔平和的空间中。相反,使用手机的实验对象可能在新鲜空气中得到了放松,但是他们并没有从日常的事务中脱身出来,让顶底处理的注意力网络真正得到放松。他们还是在进行着多任务的处理:行走、观察、倾听,当然最多的还是说话。这消耗了大部分的注意力。所以请记住,如果想要刷新自己的认知能力,请把手机放在家里,最起码要放在口袋里。

在跟斯特雷耶做实验差不多同一时间里,还有另外一个斯坦福的团队正在设计自然中行走的实验(有趣的是,斯坦福正因改变我们与科技的关系而出名,而现在他们又因帮我们摒弃科技而闻名)。巧合的是,虽然两个团队互不熟悉,但他们的研究却良性互补。博士生格雷格·布拉特曼(Greg Bratman)在与生态系统服务专家格蕾琴·戴利(Gretchen Daily)和心理情绪调节研究巨擘詹姆斯·格罗斯(James Gross)一起工作的时候,设计了一个实验:60 名志愿者被随机分为两组,一组在帕罗奥多①(Palo Alto)热闹的街道上行走,另一组在拥有著名的"斯坦福射电望远镜"②的山麓小径上行走[156]。在步行前后,布拉特曼对受试者进行了心情、紧张程度和思维反刍程度的测试以及一

① 帕罗奥多:斯坦福大学所在城市,隶属于美国加利福尼亚州旧金山湾区圣克拉拉县。——译者注

② 原文是"Stanford Dish",指的是斯坦福后山的一条风景优美的步行路线,路线上有一台射电望远镜。——译者注

系列繁重的认知测试。结果如何呢？在山麓小径中行走的组员在记忆力和注意力测试中的表现明显优于另一组，而他们也感到更开心。

布拉特曼和他的同事找到了一个理论来说明原因，他们也想测试实验的可靠性。他的同事格罗斯是研究思维反刍的专家。反刍是牛会有的行为，但我们的思维也会这么做。思维反刍指的是将不愉快的记忆重新咀嚼并创造出新的内容，也就是研究者所说的"一种不良的自我反思"。我们可能会一直重复体验一段不愉快的经历或恶劣情绪，直到把自己逼疯。思维反刍与抑郁和紧张情绪有关。布拉特曼认为，人们在进行思维反刍的时候，大脑中连接悲伤、放弃以及发火的膝下前额皮质区就会启动。

在接下来的实验中，他们让38个健康（且不抑郁）的城市居民走了90分钟，地点同样是在斯坦福山麓小径和喧闹的国王大道（El Camino Real），并在行走前后扫描大脑。受试者也填写了测量思维反刍程度的问卷。扫描结果显示，自然环境中行走的对象膝下前额皮质区的血流量有明显的下降，而闹市组的没有任何下降。调查问卷也显示，自然组在行走后体会到的不愉快感更少，而闹市组没有变化。布拉特曼对于结果很激动，因为他们可能找到了环境提升情绪的机制，基本上就是让控制自我沉溺的大脑回路平静下来。大自然告诉了我们人类的渺小，所以别再自以为是了。自然起码能够像父母通过挥动哭号幼儿最喜欢的动物玩偶来转移孩子注意力那样转移我们的注意力。

正如布拉特曼所说："调查结果显示，沉浸在自然环境中会影响思维反刍的程度，而这种效果是待在闹市中所不能及的。"[157]

◇◇◇

很明显，现在我该去走路了。虽然我努力了两年，但是我在华盛顿特区仍然感到不开心，这个城市对我来说太吵了。我们自然的积累正急剧变少。我的丈夫在从事拯救自然的充实工作，但是我们又得离开自然环境才能做这份工作，这令人沮丧。那为什么就不能救救我们自己呢？我很高兴能够在父亲那里待更长时间，他现在仍在从大脑创伤中努力恢复。我和父亲一起，在他家旁边的植物园里或在我家旁边的运河边散步的时间越来越长了。意外发生后，我的父亲变得更加快乐和随和了。在散步途中，他也会回想以前的快乐并对旧事有更积极的感受。我并没有听说过任何有关自然与感受之间关联的研究（布拉特曼，听到了吗？），但如果告诉我它们之间的确有关联的话，我也并不会感到惊讶。有一天，当我们走回我家时，父亲感谢了我，他说："你是我生命的光芒。"

"你再说一遍？"他的妻子加林娜说。他笑了："你们两个都是。"

我们抱在了一起，这让我认识到，大自然是最好的分享品。

为了鼓励自己更多地行走，我找到了一个适合我的研究。这是一个庞大的传统的项目，其中还有调查问卷。

我得知特伦特大学的伊丽莎白·尼斯比特正把9000人送进大自然，参加持续整个5月的"30×30自然挑战"——每天走30分钟，持续30天。我报了名，接到的第一个任务就是填写一份相当长的调查问卷，这是为了确定我们的情绪状态、活力、日常活动以及"与自然的主观联系"。写完之后，我便出发去切萨皮克和俄亥俄运河的岸边，这也是我日常的步行路线。但是有一次我是在芬兰赫尔辛基市内的一个公园里完成的步行。那天已经很晚了，还有一个露阴癖在公园里展示他的阳具。

一旦决定要每天与绿色环境"交流"，大多数人会不可避免地碰到问题。在写这本书的过程中，我在散步时会碰见野蛮且肮脏的大狗，也会被自行车溅一身泥。有一次在嘈杂的公园小路上，我的狗冲向另一只狗，它的牵引绳箍住我的手，导致我断了一根手指。我也被蜜蜂蜇过四次，其中三次发生在华盛顿特区。有天早上我特别想去厕所，然后匆忙冲进了社区公园小溪旁的灌木丛（这件事情绝对不能让管理处知道）。在缅因州我还碰到了有毒的藤蔓，然后就得了莱姆病（Lyme disease）。

每天出门并不是一件容易事，所以尼斯比特的研究中，大多数人还是会选择待在空调房里，或者没有填写后续的调查问卷。在坚持下来的2500人中，大多数人跟我一样，都是40来岁的女性。研究人员之所以选择我们是因为我们言而有信，而且我们自带乐于助人的光环。我们也收获了成果：一个月后，我在尼斯比特总结完数据之后与她交谈，她告诉我："受试者待在自然环境中的时间越多，他们就过得越好。"其中一个发现非常有趣，我们似乎非常喜欢待在自然环境里，以至于到了月末每周待在绿色环境中的时间翻了一倍，从5小时变成了10小时。随着时间的推移，我们减少了在交通工具、发短信和邮件上所花的时间。这就是进步！这些暂时的选择对我们来说似乎都产生了积极影响。所有与幸福相关的指标，不管是情绪上还是心理上的平静都得到了提升，消极态度和压力感也相应下降。我们的睡眠质量更好，与自然的情感联系更多了。

这一切都在我身上得到了体现。我到户外的次数越多，我的感觉和睡眠质量就越好，除了我那被蜜蜂叮过的胳膊肿得不像样的时候。但是难受只是暂时的。除了飞机飞过的声音和嘈杂的人群外，附近的公园总是比市区其他地方更让我感到凉爽、愉快，味道也更清新。我会观察种子萌芽，长出绿叶，也会通过鸟鸣来辨别鸟的种类，还会找附近的自然分形图案。我经常走到波托马克河边，感受浪花并让河水（在调查中水是最受欢迎的自然元素）缓和我紧绷的神经元。研究中要求的30分钟经常会被延长很多。

但是，这样我还是有些不自然的感觉，那么就让计时器停下来吧，试着单纯感受与自然的联系。我想找到一些能花费更多时间在自然中的人，坦白来说，我希望我也能像他们一样。而现在，我已经能够完全融入自然了。

是时候向边远地区出发了。

第四章

野脑春风

9

别自以为是：
荒野、创造力和敬畏的力量

卡尔文：瞧这些星星啊！宇宙浩瀚无边，永远存在！

霍布斯：这让人思考为什么人类还会认为自己很了不起。[158]

——比尔·沃特森（Bill Watterson）

大卫·斯特雷耶看着他的学生们跌落荒野的漩涡到达一个全新的空间，他对此从来都不感到厌倦。每年4月，他都会带着他高级心理课程（也被叫作野外认知）的学生到沙漠中露营、探索几天，是的，这是一种精神提升。在此期间，他强烈不鼓励使用手机，这并不令人奇怪。这门课程，斯特雷耶教授已经在犹他大学教了八年了，主要的研究主题就是我们的心理如何能与环境联系起来。一年一度的实地考察也是为了考察自己随时间推移而提升感官、观点和认知的"三天效应"理论。今年，他邀请我参与课程，并看看他去年在摩押闲谈基础上取得的最新实验成果。

赶在天黑之前，我在犹他州布拉夫（Bluff）这个尘土飞扬的小镇附近沿着圣胡安河（San Juan River）前往沙岛（Sand Island）露营地。当时室外36华氏度①，斯特雷耶正从被火焰熏黑的罐子里给大家分发法士达②。那天下午，学生们驱车经过盐湖城旁，收音机播报说那儿正经历着税收日（Tax Day）的暴风雪，新下的积雪足有一英尺厚。大约30名本科生和助理研究员这时簇拥在篝火旁，兴致勃勃地盛着热腾腾的食物。一名学生正在往装着桃子派的甜品锅里倒雪碧，这是大学生中流行的吃法，能品尝到像糖爆炸一样的味道。当杯中斟满热巧克力，繁星显现在夜空中时，斯特雷耶宣布每晚十分钟的研究报告是时候开始了，主题诸如运动员的城市压力和青少年手机使用（教师的最爱！）。我戴上手套也加入进来。对于学生们来说，参加这次旅行占成绩的30%。斯特雷耶曾是一名童子军团长，他打比方说，他相信跳动的篝火远远比教室里的电源重要。"在这里，学生们的竞争力得到了真正的提高，"他告诉我，"他们在火的周围活跃了起来。"

他不是第一个这么想的人。法国哲学家加斯东·巴什拉（Gaston Bachelard）曾于1938年写到，火"生成哲学"。火不光将我们彼此拉近，让我们一起准备食物、一起取暖，它还推动了进化，选择了我们当中善于交际的、能够互惠互利，甚至是

① 约2.2摄氏度。

② 法士达：一种墨西哥菜，类似于铁板烧。——译者注

可以享乐的人。在这样的夜晚我们需要保持温暖，我也惊叹于看到一群年轻人彼此对望或凝视着火焰的流明，而不是他们的手机。要知道，这有多么不寻常。

第二天早上，在一顿无可争议的糟糕早餐（在Costco超市买的Pop-Tarts果塔饼干、英式松饼和草莓酸奶）之后，我们开车沿着梳子岭来到一个没有标记的路口。这条80英里长的单斜岩层（monocline）从沙漠平面升起，其东侧的沿线沟壑峡谷纵深处曾经是印第安人阿纳萨齐族的家乡。虽然他们在800多年前神秘消失（很可能是因为旱灾和战争），但许多工艺品、壁画和粗石房屋在干旱的荒墟中留存下来了。

斯特雷耶带着我们往前走，先是沿一条沙质小路行进，然后很快就变成了有石冢标记的硬石路。天气变暖，我们把外套系在腰上。一个梳着马尾辫的姑娘穿着一条红色短裤，后面写着"Utah"（犹他）。走在前面的学生互相交流着各自写的迈克尔·基顿（Micheal Keaton）最新电影的笔记，另一些学生也并不费力地跟在后面。总体来说，班级的氛围比我想象中少了些调皮，多了些书生气，少了些高科技的穿着，多了些鼻环和蓝色指甲油的装扮。对大多数学生来说，这是他们第一次来到峡谷区，而在课外他们基本不认识对方。

没过多久，我们来到坐落在悬崖光滑凹面上的一个半损毁住宅，破碎的陶片静静地躺在地上，你还可以看到圆形结构的用于举行礼拜活动的"基瓦"（kiva）。岩穴后部的石墙上，红色的手印和人形图案隐隐显现。这是一个在绝望中被匆匆抛弃的地方，一种诡异的安静在古老的卧室和祈祷室里徜徉。我们继续前行，来到一个裸露的山脊，这里叫作"队列壁画"（Procession Panel）的长条横幅岩画令人叹为观止。这些壁画诞生于公元700年左右的"编筐文化时代"（basket-maker period），沿着连接两个阿纳萨齐族领地的古道而创作，描绘着从精神或现实世界迁徙而来、排列紧凑的一行队列。

在接下来的几天里，我们在类似的地方漫步，去过一块画满鸭子、丝兰属植物和像人类头部形状的灯泡类东西的巨大墙壁，这里由被称为"狼人"的艺术家绘作，接着到了叫作"分隔平面"（Split Level）和"长手指"（Long Finger）的废墟。我们感官的知觉正在发生变化。那些碎片上最初模糊不清、难以辨认的岩画逐渐显现，我们也能辨别出之前用于研磨的光滑的石头，以及破碎罐子的尖锐碎块。斯特雷耶还能指认出一千年前的玉米芯，检查陶器并根据黏土和烧制技术判定它制成于哪个特定时期。在一次户外午餐中，他给我们讲述了一个部落如何垄断并保守使黏土氧化变红的秘方，从而在贸易中致富的故事。

"技术永远是一把双刃剑，"斯特雷耶说道，他指着一块精致的波纹状陶片，然后把它递给学生，"它促使人类进步，但也改变了他们本身。曾在这里挖掘骨头的牛仔突然发现了儿童的扁平形头骨。当这里的人们开始种植玉米，而妇女不得不照料庄稼时，她们会让裹在襁褓里的婴儿平躺。技术进步是垫脚石，它是体现新思维方式的发明，却无法重返过去。"他紧接着将话题切换到他自身关于技术的负担方面："我很确定，从这里返回学校后，我会收到三四百封电子邮件，而绝大多数都已经过期了。"

如果斯特雷耶想让学生们惊呼，那他成功了。在这片偏远地域上的发现和令人震撼的岩石裂缝给大多数学生留下了深刻印象，甚至是赞叹。"完全没想到我会受到如此大的影响，"戴着粉红色太阳镜、束着黑色凌乱发髻的劳伦说，"就像我看到那个手印时，几乎叫了出来，这太不像我了。"

凌晨三点出发的时候，我们在路上遇到了一只大角猫头鹰，它像雕像一样坐在我们头顶的石头上。阿米莉娅，一个自带女生联谊会气质的金发女生尖叫着："我从来没见过这种鸟！"早些时候，她向同帐篷的室友坦白，她太怀念手机了，因为她正在等一个可爱的男孩给她发短信。然而现在，她变了。"伙伴们！这趟旅行让我觉得这才是生活！"

我们在开花的仙人掌丛中吃午餐，这里圣胡安河缓缓流淌，怀抱着巴特勒瓦什墟（Butler Wash）。我们身后隐隐约约能看到光滑陡峭的、泛着金色光芒的岩壁，纵横的河道在南部和西部分散开，周围是五颜六色的砂石。

斯特雷耶跟我们讲下游的一处岩画，只有经过涉水和游泳，然后逆水而行才能到达。天终于暖和了些，一小部分学生决定跟着向导继续前进，他们直到傍晚才能回到营地，一切冒险都令他们激动不已，尽管饥肠辘辘却兴致勃勃地期待着斯特雷耶用心烹饪的美食。他们已在这原始、悠闲而风景撩人的乡间组建了自己的队伍，实现了一趟属于自己的感恩旅程。

学生们的探索性和社会性的本能在这里得到了训练，斯特雷耶对此十分高兴，他在回营地的路上跟我说："孩子们相处得很融洽，这正反映出他们对社交互动和连接是多么渴求。"这不得不让我猜测他是否又在推行他一直以来关于"技术已摧毁年轻人"的那套偏见，不过因技术而产生的社会技能的衰退，已经越来越多地被诸如麻省理工学院的雪莉·特克尔（Sherry Turkle）等学者提及。当人与人的实际互动被电子互动取代，我们的共情和自我反思能力似乎真的受到了挑战，甚至萎缩。虽然没有给予强调，但特克尔给出了一个值得欣喜的解决方案：在没有网络的地方待久一些。在荒原远境中探险能够让人与人彼此深入连接，这是它通常被忽视的好处之一。

就在"探险家"们回来之前，轮到我接受斯特雷耶最新的一项实验了。他的博士生蕾切尔·霍普曼将一个脑电图机戴在我头上，这比我在苏格兰和缅因州湖边佩戴的机器更加精致。它很像冒出12个传感器的浴帽，另有6个传感器吸住了我的脸，它们通过一根根电线与我身旁的一个小型便携式设备相连。我感觉自己就像一只刺猬。露营地在圣胡安河沿岸的柳树林边，我小心翼翼地坐在草地椅上，学生们和我两人一组要在这里静坐大约15分钟，任何额外的事情都不用做。另外一些参照组则坐在盐湖城的某个停车场旁边，或坐在实验室的电脑前。

这个实地实验设计精良，是由去年摩押聚会的实验发展而来的，斯特雷耶想找到一种能表现大脑如何受大自然影响的生物标记。如果大多数人都认同我们的大脑正发生着一些变化，那么通过什么方法可以看到这些转变呢？给我们做屋顶鸡尾酒的亚当·格萨里来自加州大学旧金山分校，他关于测量前额中线 θ 脑波的观点深深吸引着斯特雷耶。当额叶皮层参与执行任务时，该脑波的功率增加。因此，斯特雷耶和格萨里期待在荒野的心灵活动中会有相反的效应：当 θ 脑波静息时，大脑中爱幻想走神的默认网络可能会取而代之地兴奋起来。

　　如果河流都不能给大脑以震撼，那就没有什么可以了。我已经在本书中花了很多篇幅讨论树木，但当我向往野外时，我总是会渴求沙漠。爱德华·艾比在他守卫荒野的经典之作《大漠孤行》（*Desert Solitaire*）中，用离这儿不远的一座小镇的名字给书里一章取名为"基岩和矛盾"（Bedrock and Paradox）。这对于同时杂糅着混乱和静止的景观来说，是一个完美的命名，好比像牛头骨般干燥的岩石也会因郁郁葱葱的绿植而破碎一样。在干旱的环境下，绿色更绿，蓝色更蓝，正如艾比所说："一切事物都在运动，都在进行当中，没有什么会停留，任何事物在永恒中都不会改变。"散文家艾伦·梅洛伊（Ellen Meloy）有比艾比更加细致和内在的描述，她恰恰在布拉夫附近生活，直到离开人世。梅洛伊曾说，这个地方的面积与伯利兹的国土面积相当，却没有一个红绿灯。"潭水般深邃的夜晚像煤炭一样黑，在这里，光往往显得过于明亮而难以理解……谁都无法确信我们究竟是被孤独押解的人质，还是西部四个州①中最自由的人。"

———

① 指的是美国西部亚利桑那州、犹他州、新墨西哥州和科罗拉多州，该四州彼此相邻，有一个交界点。——译者注

当然，最终的矛盾是，人类既需要荒野，也离不开文明，二者中的任何一个都会让我们更加倾向另一个。虽然我在纽约市长大，但我的梦中却曾浮现夏日旷野的景观，它们沿着我与父亲奔跑嬉戏的河流松散地交织着、延伸着，从那29年前独一无二的露营地出发。

圣胡安河源自科罗拉多州西南部的山脉，在其下游大约380英里处汇入科罗拉多河。这里，河流严格意义上讲已不复存在，因为葛兰峡谷大坝形成了巨大而平静的人工湖。和我们一样，河水经历了从原始野性到被驯化的转变，但它没有恢复的权利；当我戴着脑电图机观察河水时，我看到细微的分形图案在那粼粼波光里闪耀着，奶茶色的柔和河水蜿蜒，沿着河流主干道交织着，时而清浅，时而湍急。

坐在这里，我感觉自己接受了这一片宁静的洗礼，但似乎掺杂着些许焦虑，担心着从西而来、悄然逼近的天气变化。手机连不上网，我们无法用App查天气。所以，另一个矛盾就在于，焦虑会滋生于城市，也会在野外生根。

◇◇◇

在墨西哥玉米卷饼在荷兰锅里烘烤的间隙，我向斯特雷耶询问他对大脑修复的分形／视觉理论的看法。该理论认为，当我们的视觉皮层找到信息甜点时，大脑就会产生愉悦感，并让我们放松下来。斯特雷耶并没有对此过于热衷，他解释说，他寻求的是思维方式的转变，这种变化在几小时和数天之内都会发生，正是他和他的学生们当下经历和体验到的：日晒温和的微灼、松散的四肢、轻松的笑声，还有新鲜的见解。

"如果只有视觉皮层起作用，"他发问，"那为什么我在看《国家地理》纪录片的时候获得不了这种感觉呢？我无法体验到这些感觉，更无法连续四天都看这些片子，虽然它们的确都是很不错的视频。"

"但是，向窗外眺望几分钟，情绪就会得到改善，血压也会降低。"于是我引用相关研究和他展开讨论，这时斯特雷耶正掀起一个厚重的盖子查看晚餐是否做好。

"我真正感兴趣的不是这里。这不是我和艾比、缪尔、梭罗所讨论的。我们关注的是某种离灵魂更近、更深刻的东西，坦率地说，就是关于'我们是谁'的本质，远离凡尘俗世，超越繁文冗字。"

奶酪开始在墨西哥玉米卷饼上慢慢熔化，斯特雷耶对此十分满意，于是他拉下了烤箱手套说："如果我是一个好赌之人，我敢打赌前额皮质在自然中不会过载。"

◇◇◇

但斯特雷耶确实是好赌的，他把一大笔美国国家科学院资助的项目资金都花在了脑电图机上。依我看，当大脑逃离繁复的日常任务处于"休息"状态时，它就会为其他事物腾出空间。或许是大脑默认网络促生了白日梦和反思，但也可能不是。一个难题是，那些禅修最高境界的佛教徒，虽然把绝大多数时间都放在达到极致平静之上，但默认网络在他们打坐冥想时似乎并没有启动。他们要访问的东西并不容易映射在大脑的持重部位上，但这些脑回路似乎与同情、团结以及爱的感觉有关。假使大脑真的与宗教和精神情感相联系，那么僧人们早就超脱了。

　　但是，如果缪尔、爱默生以及在他们之前的18世纪爱尔兰哲学家埃德蒙·伯克（Edmund Burke）都没错，那么灵性之感并不仅源于宗教：它们也会从自然的超然体验中产生。1757年，在启蒙运动浪潮中心，28岁的伯克发表了《论崇高与美两种观念的起源之哲学探讨》（*A Philosophical Enquiry into the Origin of Our Ideas of the Sublime and Beautiful*）一文。作为一个主张政教分离的世俗主义者，他漫步在爱尔兰的乡间田园和大街小巷，感受着一切，却缺少一个更好的词来形容他的感动。敏感且情绪充沛的他，对如画的风景不及对暗沉的场景感兴趣：魂牵梦绕的很好，惊悚恐怖的更佳 。"因自然界中的伟大和壮美而燃起的激情，"他写道，"如果产生强有力的效果，就是一种惊奇（astonishment），惊奇是心灵的所有活动都处于暂停的状态，带有一定程度的恐惧。"[159]他热爱奔放的瀑布、咆哮的暴风雨、幽暗的小树林。如果他要当一个划木筏的向导，他一定会做得很好。

　　伯克认为，真正能令人生畏的事物必须具备"广阔度"以及人类理解它的难度。敬畏同样产生谦逊之情，哲学家、牧师和诗人很好地描述了这种感觉以及更加外向的观点。在伯克之前，人们认为敬畏是宗教经验中的基本情感。"awe"（敬畏）这个词来源于古英语和挪威语，原义是形容在神的面前所体会到的畏惧与恐怖[160]。所以，教会里演奏的音乐、讨论的异象、穿着的礼袍以及建筑的高度和宽度并非毫无意义。这一切都让我们充满好奇、谦逊，甚至有一丝惶恐。

在把敬畏之感从宗教建构中解放出来的过程里，伯克深深地影响了康德、狄德罗和华兹华斯，他们都描写过能够支撑人类想象力和精神感知的自然壮美的力量[161]。在美国，爱默生选择了伯克关于广阔度和谦逊的主题，并于1836年在其著名文章《论自然》中写道："伫立于荒芜之地，我的头脑沐浴着爽朗愉悦的空气，如驾青云直上无垠之域，凡是鄙劣的狂妄自负，统统散去无踪迹。我摇身变成一只透明的眼球，无影无形却可纵观万物。"这种冲破世俗的超验主义昭示着现代环境运动仍然不曾停歇。

而后，爱因斯坦会说："神秘是我们能够体验到的最美情感。"也许现在你会对此表示怀疑，但爱默生和爱因斯坦确实有所发现。在心理学界的圈子里（不可否认，圈子的很大一部分都位于加利福尼亚州），学者们认为敬畏不仅是一种强烈的情感，而且可能是情感中最狡黠的。虽然学界早已认同敬畏和高兴、满足、同情、满意、爱、乐趣均为积极情绪的核心，但与之相关的研究却少得令人诧异。

"简单而言，敬畏就是感到震撼。"加州大学尔湾分校的心理学家保罗·皮弗（Paul Piff）跟我说。他从在社交网络上看奇怪的婴儿舞蹈视频时表现的瞬时惊异，讲到能够重新建构个人宇宙观的初见北极光，解释了不同程度的敬畏的存在。一次强烈、促生敬畏的经历可以在很长一段时间，甚至是永远改变人们的认识。

罗兰·格里菲思（Roland Griffiths）是约翰·霍普金斯大学的精神药理学家，他对服用迷幻药物的绝症患者深刻而充满敬畏的体验进行研究。他们会产生离开自己的身体和地表飞翔并与神会面的幻觉，这绝不稀奇。格里菲思告诉记者迈克尔·波伦（Michael Pollan），他认为这些心灵旅行是一种"创伤后应激障碍的逆反应"——"一种可能会在大脑中在态度、情绪和行为方面产生持续积极变化的离散事件"[162]。这也是宇航员从太空看地球时，欣喜若狂的他们对"总观效应"（overview effect）的描述。濒临死亡的幸存者、平凡普通的登山者、冲浪者、观日食者以及与海豚一起游泳的人等，都会产生人生无常的感慨和对自然万物的敬畏。广阔浩大的自然景象和现象将我们与世界更深厚的力量相连，至少，这一类体验也给了我们暂时的改变。

为了一探究竟，皮弗和加州大学伯克利分校的学者达谢·凯尔特纳（Dacher Keltner）及其他两位同事进行了一系列不同寻常的实验[163]。凯尔特纳已假定敬畏是一种独特的情感，它使我们远离狭隘的自我关注，转向集体利益。为了了解敬畏是否让我们彼此更加慷慨，研究者定期向1500位受试者询问他们感受到敬畏（和其他情绪）的程度。然后，研究者给了一些受试者每人十张彩票，并告诉他们可以随意送一些给没有得到任何东西的人。研究发现，感受到的敬畏程度最高的人比最低的人多给出了40％的彩票。那些有其他情绪的人并没有表现得更慷慨。

接下来，他们尝试在现实中促生敬畏之感。研究者把一组受试者带到高大的塔斯马尼亚蓝桉树林，让他们抬头仰望一分钟；另一组则被要求看一栋高耸的科学研究楼。在这两种预设条件下，各有一位实验助理假装无意掉落了一大把笔。虽然经历了仅仅一分钟的敬畏之感，但观看树木的受试者比看楼房的受试者平均捡起了更多笔，表现得更加乐于助人。

不过，在最具挑衅意味的研究之一里，凯尔特纳与他的共同研究者向受试者询问，上个月内及某天产生恐惧、愤怒、快乐和惊喜等多达20种消极或积极情绪的次数。他们还从受试者的唾液中取样并测量它们的细胞因子IL-6（炎症的标志物）的水平[164]。这些信号分子是免疫系统的一部分，有助于伤口愈合和对抗疾病。在健康人群体中，IL-6水平越低越好，若长期居高不下，则与抑郁、压力和肌肉修复能力不良有关。在所有积极情绪中，唯一测出显著较低IL-6水平的就是敬畏。为什么会这样呢？凯尔特纳认为这是因为敬畏促使我们增强社会联系，社会联系又可以降低炎症感染和压力。可以说，敬畏是希望自身被分享的。

然而并非一切敬畏都是积极的。不过，即便是当我们面对肆虐家园的飓风时那种因为惊悚害怕而产生的敬畏，也会促使我们互相帮助、团结一致、同心同力。当面对无法完全理解的巨大力量时，互联互助是具有进化适应性的举措，这也是人类得以世世代代繁衍至今的原因。

◇◇◇

达尔文认为，共情（empathy）或怜悯（compassion）是我们强大的本能，是它们推动着人类物种走向成功[165]，让我们互相爱护、互相关照，让我们能够长大成人、克服病痛、经受住饥荒的煎熬。凯尔特纳指出，人类为共情留有货真价实的一席之地：迷走神经（vagus nerve）。它起于脊髓顶部的延髓，延伸至面部肌肉、心脏、胸部和各个消化器官。作为副交感神经系统的重要部分，在受到惊吓后，它可以帮助我们降低心率，把我们从冲突和侵犯的边缘拉回调解的谈判桌上。迷走神经似乎与调节神经递质的催产素受体（oxytocin receptors）有关，催产素因其会在性行为和哺乳时分泌而常被称为"爱情激素"。随着催产素的释放，受到刺激的迷走神经可能会让后背上部产生带电的感觉，就像爱情的触电感一样。

因为迷走神经会对爱做出反应，凯尔特纳假设，它也会对敬畏做出反应。为了更好地了解原理，凯尔特纳和他加州伯克利的研究生克雷格·安德森（Craig Anderson）邀请我（及好几位研究对象）坐下来观看一些他们找到的最令人震撼的视频片段——从太空远眺地球，正是这个视角让宇航员们充满了对天空中的蓝色弹珠①的柔情和世间一切人性。这或许接近佛教徒描述的达到涅槃境界的感受，一种当爱和欲望灭尽的极乐。

然而很不幸，我在托尔曼楼的设备实验室看这段拍自太空

①　蓝色弹珠：即"The Blue Marble"，是一张在1972年12月7日由阿波罗17号宇航员拍摄的著名地球照片。——译者注

的地球视频时，并没有觉得自己在接近涅槃。我被安德森绑上心率监测器，然后，他将传感器与我的手指连接以测量皮肤电传导指标（汗腺分泌是自主神经系统的衡量项目）。他首先播放了蓝色弹珠的视频，紧接着是一个壮观的山峰。大约十分钟后，他带回了实验结果。根据整体的研究数据，我在观察显示器时心率确实下降了，但皮肤电传导和我的面部肌肉（安德森偷偷用一台隐蔽照相机监测到的）并没有发生什么变化。

为什么我在看视频时心跳会减慢呢？安德森有一套理论解释："让人们感到敬畏的往往是包罗万象、广阔浩大的事物，也是令我们难以理解的事物。所以基本来说，当身体安静下来，它便可以接收环境中的信息。"

我的迷走神经好像没把这些记下来。我甚至没有产生毛发悚立的敬畏迹象，我敢打赌，竖毛（piloerection）肯定是科学中最好的词之一。坐在隔间里，手指夹着电极，我不但没感觉自己在深邃的空间中穿行，也不像斯特雷耶在犹他州时说的："大自然的录影是生物圈给人类馈赠的感官礼物，观看它们时就像身临其境，好比眼前有一块巨大视野一样真实。"事实上，缺少大规模的敬畏也许是非现实的自然可能永远不会与真实事物相匹配的原因之一。屏幕是难以模拟伯克所指的组成广阔的基本要素的，即便约翰·威廉姆斯（John Williams）的背景配乐的确能起一些作用。

另外，安德森介绍说，敬畏还会促生好奇心，因为我们会经常遇到常规参考标准之外的事情，不能很顺利地进行分类或理解。好奇能帮我们从自我的局限中脱离出来。我们从他人那里获取信息，在惧怕、美丽和神秘的杂糅中，这些经历也总会在我们的记忆里萦绕。也许我永远不会忘记第一次看到儿子小小的脸，不会忘记儿时去大峡谷探险，不会忘记仰望着北极光在阿拉斯加上空旋转，不会忘记在得克萨斯州开车穿越梦魇般的暴风闪电，不会忘记……

在个人魅力的威慑下，我们也会感受到敬畏，如领袖、名人、国王和独裁者等，他们掌握着丰富广泛的技能，明智地穿着彰显地位的服饰来装扮自己，发出不得靠近的信息。敬畏聚集力量。梅拉妮·拉德（Melanie Rudd）是休斯敦大学研究消费者心理学的助理教授，她曾试图了解敬畏是否会让我们在把注意力集中在当下的条件下扩大对时间的认知。这如果真的能实现，将会是个伟大的发现。"鉴于全世界有许多种群都经受过长期的饥荒，"她说，"这对人类身心健康、生活满意度、抑郁、头痛和高血压都会产生巨大影响。"将近一半的美国人认为他们每天的时间不够用[166]。

当拉德对她的研究受试者诱导敬畏或快乐时，发现只有敬畏能使他们感觉时间不那么紧迫了，不耐烦也少些了，并且更能自愿花费额外的时间来帮助他人了。以上现象发生在快速干预之后，比如观看鲸鱼和瀑布的视频。这说明这些图像确实可以让人产生至少一点点的敬畏之感。她的研究对面向消费者的广告来说意义重大。想想最近看过的新车广告？它的内容很可能是穿越壮丽的自然景观，而不是堵在环城公路上。"我们的很多消费都可以通过体验的方式构建，"她说，"在大自然中，我们看到了最大的效果。"

除了保罗·皮弗的"花一分钟看看树木"项目，其他关注野外敬畏和行为的研究则少之又少。但如果盯着手机（不要告诉斯特雷耶），很明显我们是想分享敬畏的经历。这就是为什么我们在 Instagram 上会分享日落的照片并为群集的欧椋鸟视频点赞，同时琢磨品味另一个别致的词：murmuration——欧椋鸟的飞行阵。我们现在通过推送和屏幕保护程序每天都能体验到敬畏的短暂时刻。过去，我们能在户外度过更多时间，从而形成与自然广泛而强大的纽带，也许这些"微小憩"（microbreaks）正有助于弥补我们失去的这些联系。不过，皮弗补充道，社交媒体究竟在多大程度上塑造了我们日常的体验，应当"进入陪审团的审议"，有待进一步讨论。

现在，关于敬畏的讨论好像回到了对科技的争论上，这让在沙漠中没有网络的那三天的感觉有些激进。我们有敬畏！敬畏在古老的手印上，敬畏在无数璀璨的明星里，这一群书呆子学生会带着新朋友回到城市，会以一种新的方式看待过去与现在。

至于我们的脑波是否会显现以上种种，从初步结果看似乎希望满满。斯特雷耶将河边的测试结果发给了我，与他的假设吻合。结果的彩色图表显示了我与城市中两组样本的 θ 波对比。我的 θ 波频率较低，表明我的前额皮质正在休息。然而，图表没有显示的正是大脑中消耗能量的确切位置。虽然作为科学家的斯特雷耶想要像玩俄罗斯套娃一样分析信号，但是作为大冒险家的他也明白需要保留一些神秘感，这也无可厚非。

几千年来，人类常常独自或以小的族群为单位寻求更多与自然力量元素的联系。他们因为需要而来，因为寻找而不断前来。他们的追求可能是精神上的、人际上的或情感上的，极具人性且复杂，难以用条形统计图来解释。"在一天就要结束的时候，"斯特雷耶说着，望向地平线，"我们走进自然不是因为科学上它对我们的影响，而是因为它带给我们的感受。"

10

脑的洗礼

"喔，屹耳，你全身湿透了！"小猪皮杰摸着屹耳的身体说道。

屹耳感到惊讶，他叫别人和小猪皮杰解释：

"当你在河里待一阵子时，

就会这样了。"[167]

—— A. A. 米尔恩（A. A. Milne）

每两棵松树间，都有通向新生活的大门。[168]

—— 约翰·缪尔

　　第一位在爱达荷州萨蒙河（Salmon River）干流上航行的美国老兵是威廉·克拉克（William Clark）上尉。作为探险队成员，他和刘易斯分头寻找通向太平洋的水道，但这一次并没有成功。湍急的水流对远征队一千磅①的独木舟来说太过凶险，峡谷也太陡峭，他们不能在急湍甚箭、猛浪若奔的河水上停泊。穿着鹿皮鞋探过上游之后，克拉克抱怨："我在一块岩石上滑倒了，刮伤了腿，很严重。"¹⁶⁹ 就这样，他把自己的名字刻在了一棵松树上，转身回去了，那是1805年。

最终，其他探险家、寻宝者和隐士随之而来，跨过崎岖险要，向下游寻找矿石。这条河有个别名，叫"不归河"（River of No Return），它只能容下一条船向前行。矿工们建造了巨大的木船，载满了物资，在激流中冒险。如果人和船在这狭窄的通道中幸存下来，人就会把船拆掉做成木屋，矿工会躺在里面很久。

河边的陡峭地带一直都不适合人类居住。1980年，美国国会做出指示，将这条河和周边指定河流及其周围的山脉，即美国本土48个州最大的原始环境系统称作"弗兰克·丘奇不归河"荒野②（Frank Church-River of No Return Wilderness Area）。该地域有时直接被称为"弗兰克荒野"，在地图上是横跨在爱达荷州上部那细长的一部分，面积达230万英亩③。横穿荒野的河流雕刻出狭长的、森林覆盖的峡谷，甚至比科罗拉多大峡谷都深。

2014年夏天，同样还有一群美国老兵穿越了这个峡谷。这

---

① 1磅≈0.45千克。

② 弗兰克·丘奇是美国爱达荷州议员的名字，他在保住萨蒙河大峡谷古朴原貌的过程中居功至伟。——译者注，参照《科学大观园》2012年04期，小乔尔《自由流淌的河》。

③ 约9308平方公里。

次都是退役的女兵，服役时受过生理或心理的伤害。像克拉克一样，她们也在进行着对美国荒野的探索。我想见证这一过程，如果凝视桉树一分钟真的可以让人更慷慨，凝视三天可以让人更容易与别人相处，获得平静和灵感，那一周又会如何？创伤后应激障碍的逆反应是否真实存在？如果存在，它们会出现在最需要它们的大脑中吗？

◇◇◇

你必须在萨蒙河中勇敢地冒险尝试，还得稍微糊涂些。这一组女兵就满足条件，她们的活动由名为"高地"（Higher Ground）的爱达荷州非营利组织赞助。参与者必须是患有创伤后应激障碍的退伍或现役军人。当我得知该组织愿意邀请记者时，我报了名。

这是"高地"第一次举办全女子探险之旅。计划漂浮81英里，要考验皮艇、划船和划桨（非必需）的技能，参加"心理处理"的小组和团队建设活动（必需），一起吃饭，缩进帐篷睡觉，然后第二天再次重复。第六天，我们离开河流，坐上几架小飞机，从泥土飞扬的跑道起飞回家。与矿工们不同的是，我们将回归人类文明，希望自己有所改变。

在一条土路尽头起航的前一天晚上，我和女兵们一起在没有路灯的斯坦利小镇（Stanley）一家餐厅的露台上吃比萨。这座小镇由高大的、名字很形象的锯齿山脉（Sawtooth Mountains）环绕。这里显然没有一般城里河边密集的人群，这些女兵整体年轻，种族多样，身体不是特别健壮。9名退伍女兵带着各种各样的香烟，有着男性化的发型和文身，有耳洞和一些物理支撑工具，比如手杖、矫形带和手臂夹板。她们携带的抗焦虑药、抗抑郁药、抗癫痫药、止痛药、消化助剂和安眠药足以装备一个小药房。还有一只军犬，叫作梅杰，是一只黄色的实验室杂交犬，戴着一个写着"不是宠物"的围嘴，这可能是在向所有人发出警告。经过漫长的一天后，她们眼皮沉重，脸色阴沉，在养牛镇自拍也不会笑。

康乐治疗师布伦纳·帕特里奇（Brenna Partridge）和希尔斯廷·韦伯斯特（Kirstin Webster）分发了黑色羊毛外套，上面镶嵌着这一行人的队伍番号—— HG-714-RA，意思是"高地，7月14日，漂流"。（其他"高地"队伍通常是男女同行或都是男性，可能会花一周的时间去钓鱼、滑雪或做湖泊运动。）

帕特里奇微笑着要我们做自我介绍，并谈谈为什么来到这里。玛莎·安德森（化名，同下）说了她被抬在担架上撤离阿富汗，一度以为自己已经死了的故事。她花了13个月才重新学会走路。现在，她感到愤怒，被家人误解，而且她也无法进行喜欢的冲浪和骑行运动了。她希望找到一些新的爱好，以及与她有同样经历的新朋友。

卡拉·加西亚，35岁，讲述了她是如何在2003年自愿参加第一次伊拉克战争的，又是如何作为一名燃料车队的车辆指挥官从塔卡杜姆（Al Taqaddum）战区穿过的。2005年，她所在的车撞上了路边的炸弹，司机牺牲，她被炸飞，头顶着地。她在第三次来到伊拉克在摩苏尔执行任务时，被另一枚炸弹炸到，她的头猛地撞向车顶并被弹片击中。加西亚把受伤的司机从冒烟的汽车残骸中拉出来，拿着她的M-16步枪与叛乱分子战斗，直到自己昏倒（后来我发现，她被授予了战斗勋章和紫心勋章）。医生通过诱导性昏迷，让她昏睡一周，以缓解她大脑的压力。之后，她不得不重新学习如何说话。除了慢性疼痛外，她还会有癫痫、头痛、情绪波动和做噩梦。她走不远，不想开车，几乎不能乘坐任何车辆。"我不喜欢拥挤，也不喜欢人群，"她说，"那对我来说很难受。"

晚餐后，我们分组进行心理谈话，我们的第一次谈话是要阐明旅行的目标。其中，一名50多岁、来自拉斯维加斯的海军兽医凯特·戴提到了自己曾经三年无家可归，在精神病院生活的故事，她几乎无法离开自己家。另外两名女性也说了她们被收容的经历，一位说自己仍然抑郁，不想继续生活了，一位说她的愤怒和痛苦令她疏远了整个家庭。此外，还有一个坐着的、丝毫没有表情的人用平淡的声音说，她想要一些时间"注重当下，而不是与人隔绝"。而一位身穿闪亮蓝色太阳裙、戴着粉色太阳镜、瘦瘦的金发女郎（我称她为帕姆·哈娜）却恰恰相反，她总是在疯狂地说话，永远不会停歇。她醒来时会害怕地哭，因为她讨厌飞机，在这次旅行之前她曾成功地避开了多年，这次旅行却又要见到飞机了。

塔尼亚·赫雷拉黑色的短发上戴着钓鱼帽，谈到了自己不便的身体。首先是在费卢杰（Fallujah）附近被弹片击中，然后在她的行进路线上被一枚汽车炸弹炸飞，最后，一座清真寺被手榴弹炸毁，坍塌的碎片又击中了她。这位前陆军炮手现在只剩一只可以活动的手臂了，另外还有一条坏腿和反应很慢的大脑。34岁的她很少离开自己北卡罗来纳州布拉格堡（Fort Bragg）附近的房子。"一想到这就是我的全部了，我要困在这儿了，就很难受，"她说，"这就好像终身监禁。"

赫雷拉身材娇小，皮肤光滑，嘴巴宽宽的，很友好。她还告诉我们，她现在很难结交朋友，而且除了这些伤残，还有一些严重的头发问题。"我以前留过长发，但不清楚怎么用一只手去打理。"她说，"我曾经像美狄亚①一样坐在我的头发上。我没有典型的少女心，但要把它从身上剥离是很难的。我不想参加亲戚的婚礼，因为我不好看。"

团队的领导者帕特里奇给了赫雷拉一个适合她的指令："去找一个可以交的朋友，这就是你自己的团队了。"

接下来的日子里，在一对一面谈或小组讨论的心理处理中，出现了更多关于她们遭受重创的细节。总体而言，这些年轻女性已经看过太多战斗，尽管严格来说她们当时不应该担任战斗的角色。这就是近期战争服役的一个核心讽刺点，然而因为性别因素，她们往往比男性更难被诊断为与战斗相关的创伤后应激障碍。许多更年长的妇女来到这里是因为她们有军内性侵创伤（MST）。有一人在部队驻扎冲绳期间遭受八名男子轮奸，其中就包括她的指挥官；另一人在海军服役时遭到舰艇纠察长

---

① 美狄亚：希腊神话中科尔喀斯国王之女，以巫术著称。——译者注

骚扰；还有一人则是在欧洲休假期间遭到一名平民的性侵。三个案例中只有一个肇事者得到了惩罚，是那个平民。

这两种类型的创伤后应激障碍的后果是相似的：改变生活的社会、职业和心理障碍。

◇◇◇

每一场大战都有其标志性的创伤。如果你在美国南北战争中幸存，可能最终还是要截肢；第一次世界大战中的外科医生推进了面部整形手术（芥子气导致面部组织液化）手法的进步[170]；海湾战争的退伍军人几乎没有看到战斗，但许多人都有神秘的症状，据说与神经毒剂有关。创伤后应激障碍在大多数战争之后很常见，甚至荷马也曾写过，但它有很多不同的名字：弹震症、士兵心脏综合征、战斗疲劳。弗雷德里克·劳·奥姆斯特德，我几乎每一章都引用他的话（因为他除了是一个重要的自然大师，还像"变色龙西力"一样见证了19世纪的每一个重要节点，从种植园奴隶制到淘金热，再到郊区的人口大扩张），他将马纳萨斯战役后的士兵描述为"混乱的畜群……他们在棍子折断或火帽有响动的时候立马变得脸色苍白……这是一种可怕的疾病"[171]。创伤后应激障碍直到1980年才被正式命名并得到美国退伍军人管理局的认可[172]。

在一般的人群中，约有8%的人会经历创伤后应激障碍。在退伍军人中，这一数字约为18%，但在最近对参与阿富汗和伊拉克战争的100多万退伍军人的统计中，比例为27%（其中70%以上的人还患有抑郁症）[173]。到目前为止，最近的战争伤疤还很明显：创伤后应激障碍、爆炸引起的创伤性脑损伤（TBI）和性侵犯。

一些研究表明，女性患创伤后应激障碍的比例略高于男性，也许是因为她们更容易承认自己患有这种病症。根据最新的《精神疾病诊断和统计手册》（*Diagnostic and Statistical Manual of Mental Disorders*），创伤后应激障碍的症状集中在四个类别：重现创伤体验（情景再现、噩梦）、逃避和退缩、不良情绪和抑郁，以及过度兴奋，如跳跃、警惕、攻击性和睡眠问题。现在美国军队中约15%的女性都表现出不同的症状，焦虑和饮食失调的比例都较高。她们无家可归的可能性是其他职业女性的2到4倍[174]。军队中的男性则有更多问题，比如暴力倾向和药物滥用，但有很多女性同样在经历这些。

所有迹象都表明，我们此行中的女性都像塔尼亚·赫雷拉一样，可能是来自北费城，热爱学习、一直拿A的高中生。她们在成为新兵时都很有能力，还饱含热情。然而现在，她们的智慧和坚韧仍然表现得很明显，但身上的某些部分却找不回来了。她们不再完整、有安全感，或有能力。现在，她们在为失去的自我感到悲伤。赫雷拉在一次小组讨论中说："我从没想过我到34岁还无法照顾自己。当我加入战争时，我想要么牺牲，要么想办法幸存。我并没有考虑幸存之后的自己会与加入战争之前有什么区别。"

这些女性还讲述了日常生活中持续不断的身体疼痛。她们无法集中注意力，有时候会情绪突变，非常沮丧。她们不喜欢与人在一起，但又不喜欢一直独处。战争也夺走了她们安心睡觉的能力。

◇◇◇

现在是时候让这些女兵走出悲伤，进入河中了。第一个激流很快就到了，叫作基勒姆（Killum）。我坐在四个充气皮艇之一里，看到面前的皮艇遇到了一堵水墙，翻了过去。我同样被冰冷的侧波击中，我的桨掉了，人也随着翻船掉进水里。还好，这一段 II 级和 III 级水量的激流中水浪比岩石更多，而且不长，穿插着深沉平静的水段。我最终抓住了船，划着船的六个女人为我和其他皮艇上的人鼓着劲儿。

在扎营之前我们要渡过很多激流，我时而兴奋，时而紧张，时而感到冰冷，时而又坚定决心。进入激流，视野会变小，注意的范围也会变小。心率加快，呼吸加快，皮肤温度升高，五脏六腑开始收紧。在像这样短时间的经历中，肾上腺素的反应很有趣。你会注重现在，会消除杂念，而当你安全通过时，身体会兴奋地释放出内啡肽。皮划艇运动员有时把在急流中划船称作战斗划船（combat boating），厉害的划船者会在船翻的时候，不与船分离就将其翻转回来，这样的动作被称为战斗翻转（combat roll）。

与这些非常真实的老兵相处，说什么战斗都很无趣。在真实的战争中，压力的反应不会小，也不会短暂，会持续数天，有时甚至持续数周或数月。它持续的时间太长，大脑都会产生变化，对某些人的影响会更严重。要怪就怪进化吧，我们的神经系统本身就具备了害怕的条件，告诉了我们应该避免什么，以及如何确保安全。一些心理学家认为，恐惧是我们最古老的情感，存在于最早的行星生命形式中，甚至超过了繁殖的本能。控制恐惧情绪的是脑干深处巧克力豆大小的杏仁核。

我们被恐惧支配时，就会缺乏足够的智慧去做很多有创意的、社交性的，或者需要空间的事情。我们成为人类的部分原因，就是我们的大脑中进化出了一个用于计划和解谜，或者提醒自己正在小题大做的新皮层。恐惧会导致新老脑之间发生神经性的拉锯战。在恐惧的紧急关头，我们的原始脑干会战胜解决问题的新皮层，我们会变得更加笨拙。而患有创伤后应激障碍时，大脑会保持锁定杏仁核的模式。我们如果没有恢复到本来的状态，就会失去区别真实威胁和感知威胁的能力。这解释了为什么患有创伤后应激障碍的士兵即使在回到安全的地方后，也会经常无法忍受驾驶、购物或大声喧哗。

但我们会感到恐惧也是有原因的。它可能给了我们记忆的礼物。我们之所以能记住一些事情，可能是因为我们会记住那些刚刚好的瞬间，比如与危险擦身而过，或者躲避了捕食动物或敌人的袭击。多亏了恐惧，我们才会那么喜欢玛德琳蛋糕的气味和描写它的作家。

从根本上说，创伤后应激障碍是一种记忆障碍。对创伤后应激障碍患者的脑部扫描显示，海马体的细胞和体积发生了变化。海马体是有助于处理记忆的地方，而且非常靠近杏仁核。在实验室受到惊吓的动物脑中，被称为"恐惧激素"的糖皮质激素，如皮质醇、去甲肾上腺素或肾上腺素，会充斥海马体的受体并损害记忆[175]。持续的创伤记忆似乎会让海马体缩小，并且科学界已经确定创伤后应激障碍会导致情绪和认知问题，例如注意力不集中和短期记忆缺陷。

生理上，长期的高度紧张会导致血压升高、细胞炎症和心脏病风险增加。纵向研究表明，比起未患创伤后应激障碍的同龄人，患有创伤后应激障碍的退伍军人病情更重，疼痛更重，寿命更短，药物滥用的可能性高3.5倍，离婚的可能性高1倍[176]，女性退伍军人的自杀率几乎是其他女性的6倍[177]。

像"高地"这样的组织有很多——从那些为退伍军人提供冲浪和飞钓项目的组织，到洛杉矶的一家医院（这家医院在改善人类和有类似创伤后应激障碍症状的被虐待的鹦鹉之间的关系）。这些组织相信与自然或野生动物接触可以减少创伤的症状。像皮划艇这样的冒险运动为患者不集中的大脑提供了聚焦的机会，并用接纳的态度转移他们不被人欢迎的思想。体力消耗通常会带来更好的睡眠，正如我们在前面的章节中所提到的，自然的感官元素可以让神经系统平静。

即便知道这些，我也忍不住担心在这样一个无法操控的环境中的女性。如果她们头部撞到岩石或下水后游不动怎么办？坐在皮艇中的玛莎·安德森，青年时期曾是怀俄明州的一名滑雪运动员。2009年，她在阿富汗因爆炸导致手臂和腿部受到神经损伤后，就一直没有康复，受伤一年后才能重新走路。她看起来十分脆弱。那天下午，急流将玛莎推出了充气艇，我把她的船拉到我的旁边，并帮她重新坐到船里。然后，乘坐双人皮艇、右臂戴着GoPro支架加相机的赫雷拉也摔了出去。我还好奇她只有一只能活动的手臂，是怎么爬回又高又滑的艇上的，但其实是她的搭档（一名"高地"的工作人员）留在了河里，把她抬起来，举过艇的边缘的。

　　她们如果希望能在沙滩上放松休息，那就大错特错了。参加这里的活动甚至不允许喝鸡尾酒。她们应付得了这种极端的冒险活动吗？这些女人的生活充满了不停回放的痛苦记忆和焦虑，也许她们应该回家与她们的军犬相依为命，想划船用用划船机就行了。

　　但也许不是这样。玛莎三十出头，是一名短发的韩裔美国人。当晚她吃蛋卷时微笑地坐着。"我从未想过我会独自一人去河边，"她说，"我已经厌倦了肾上腺素。"她回忆起瑜伽教练曾经说的话："焦虑只是没有呼吸的兴奋。"河水就是在教她如何呼吸。"我当时都不确定我会坐回去继续划艇，"她继续说，"但我做到了，而且我在每个激流中都试着呼吸。"她显然喜欢做个刺儿头，可谁又不是呢？

　　至于赫雷拉，她还在重新学习如何给自己做基础护理，划艇就是个启发。她似乎根本不介意计划之外的落水游泳。她发现自己可以将一只坏手绕在桨轴上，另一只手用力。看到她在艇上，我想起了另一位独臂老兵，145年前也经历过类似的河流航行，他就是约翰·韦斯利·鲍威尔①少校（Major John Wesley

---

① 约翰·韦斯利·鲍威尔：美国军人、地理学家、西部探险家；以1869年鲍威尔地理探险著称，曾任美国民族学局局长。——译者注

Powell）。他曾在美国南北战争期间受伤，并奉命调查神秘的科罗拉多州，他似乎对其中每一分钟都津津乐道："我们还有一段未知的距离；一条尚未探索的未知河流。那里有什么，我们不知道；什么堵塞了水道，我们不知道；河上有什么，我们不知道。"

赫雷拉翻船时，她甚至还有心思去挽救别着她战斗奖章的帽子。"我真的很高兴能够做出贡献，而不是每个人都为我操心。"她说，"做一些体力活动的感觉很好。在家里，我几乎都无法自己收邮件。"

其他成员当天也过得很愉快。安佳·梅森，一个没有表情、曾告诉我们她不想与人隔绝的陆军退伍女兵，告诉我们在船上她几乎惊恐发作，但随后通过自言自语镇定了下来。她学会了如何适应全新的局面，她很开心。

每个人都饿了，没有人熬夜。晚上8点，北落基山脉下仍然明亮，躁狂症患者帕姆·哈娜抽完一支烟，在自己帐篷前睡着了。

第二天一早，我在户外标志性的麻烦就找上我了，我被蜂蜇了。卡塔莉娜·洛佩斯给我上了外用酒精和苯海拉明，还告诉我要注意肿胀。作为一名曾经的陆军护士，她曾在巴尔干半岛、索马里和伊拉克服役15年，并且经常被一些血腥的、截断身体部位的梦所困扰。有一次，我吃午饭的时候，她还跟我说她曾经在医院里看到一个失去意识的警卫的大脑不断膨胀。她告诉我，正常的颅内压是10，但这个人是20，然后变成30，又变成85，"最后我都能看到他的头盖骨开始动了"。

我低头看看手中的三明治。

"你懂我的意思吧？"

我点了点头。

"你是想让我不说了吧？"

"是的，请别说了。"

第二天，船里的氛围越来越好了。某些时候，塔尼亚·赫雷拉会坐在我的对面，开始唱歌："我亲吻了一只虫子，我很喜欢。"她讲了一些在伊拉克的故事。她是女子运输队的一员，她们的卡车有个绰号叫超薄车。有人开始问我为什么要写关于乳房的事情，因为这是我第一本书的主题。这激发了赫雷拉的灵感，她为我们的艇取了个绰号，叫奶船。

在河上度过了漫长又炎热的一天，我们划了20英里，中间还有游泳和海滨午餐。这一段水路旁边的峡谷十分陡峭，点缀着从闪亮的黑色片麻岩中显露出来的大黄松，我们穿过的正是爱达荷州古老的岩基。安杰拉·戴是一位留着金发、身材丰满的海军退伍女兵，在皮艇中就像一只圆润的鸭子一样活蹦乱跳，不用花费太多的力气，在浪花中咯咯地笑。玛莎，那位神经受损的前滑雪运动员，还站在了冲浪板上，不过在激流中，它变得更像一块用来跪的板子，有时候还被冲得颠倒过来。下午，护士洛佩斯遇到了很大的一股激流，直接被从皮艇中甩了出去。我在奶船上可以看到她脸上的恐慌，她大口地吸着空气和水。她最终回到了艇上，但并不高兴。

在那天晚上的心理谈话中，她看起来非常落魄。主持人帕特里奇询问这组女兵对什么有热情。"我原来对所有事情都有热情，"洛佩斯说，她退役是因为创伤后应激障碍和长期的背伤，"生活、工作、自然。即便今天，我仍然热衷于皮划艇，直到，该死的，现在对一切都不指望了。"她耸了耸肩，说："也许我会恢复吧，我也不知道。"

安佳·梅森说她并不知道她热衷于做什么："我以前对家庭充满热情。"

康妮·史密斯，来自得克萨斯州的前海军上尉，说对自己的军犬有热情。

安杰拉·戴说她对自己与主的关系充满热情。"今天，在皮划艇上，我就想：'来吧，主啊，再猛烈些吧！你可以更猛的！'"

琳达·布朗，50多岁，说话很温和，说她对户外运动很有热情："我不能说我的热情能持续多久，但我相信我对户外充满热情，尤其是对树木。"

帕姆·哈娜，仍然很狂躁，在她的椅子上坐立不安，说："我热衷于保持单身和自由！我喜欢！真的！"

赫雷拉说她曾对陆军的工作充满热情。"我原本是伊拉克的头号炮手，在炮台里戴着耳机。我儿时的梦想实现了，有一辆能和我说话的汽车。我小时候一直想成为霹雳游侠（Knight Rider），拥有最大的枪和最酷的衣服。我还记得我曾感谢过上帝让我的梦想得以成真。"她看着沙子说，"再做一个梦并向前迈进真的很难，这就是我的瓶颈。我现在该怎么办呢？我有这么多障碍，健康问题、药物滥用、糟糕的人际关系，没有钱，还有残疾。"

安杰拉·戴说："我不想离开自己的舒适区。"

"你今天在河上的时候就离开了呀。"帕特里奇说。

"是，但对我来说，每月只出门买一次东西已经很正常了。我自己的期望的确不是那样的。"

"就像你在河上的时候一样，有些时候你需要向人寻求帮助，"帕特里奇说，"人们是支持你的。"

"今天是我最开心的一天了！"哈娜说。

"只是你吧。"洛佩斯有点不满。

◇◇◇

我们习惯了这样的模式，先是激流勇进，再处理一天的情绪，扎营，然后讲故事，有时聚在一起，其他时间就是自我沉思、保持安静，或者只是疲惫而已，就像河流的节奏一样，漩涡和急流交替。早餐前，我们集体做了瑜伽。几个人在盘坐之前快速地吸了几口香烟，这行为每次都会让我捧腹大笑。戴的狗梅杰一直躺在她的脚下，似乎为这奇怪的身体姿势而困惑。甚至冷漠的、尽可能少动的梅森也会轻轻地扭动她的身子。瘦弱的哈娜通常是冷冰冰的，但也总是微笑。我注意到她的唠叨变少了。

每天的笑声都会变多。洛佩斯为我们的向导们一一起了绰号。向导们驾船、煮熟食物、搭起帐篷后就离开了，留下我们自己。他们都很年轻、强壮，大多是男性。洛佩斯把干净利落的领队里德叫作"美国队长",把另一位长头发的向导称为"法比奥"。向导们也像军人一样,但发型更漂亮一些。他们有自己的分工和日常事务,为团队做贡献的方式不一。有些很有趣,有些很聪明,还有些则更警惕一些。

"这与战争没什么不同,"赫雷拉和我说,"有些东西会让你丧命。有一个紧密的群体依赖于你而生存,每个人都是其中一部分。战友关系的发展很重要,简单的关系下日子更好过。在这里,就像在军队里一样,不会出现40多种不同的牙膏,你有自己的位置,我们都有。"

◇◇◇

毫不奇怪,受过创伤的士兵前往荒野成了美国的传统。爱达荷州、蒙大拿州和阿拉斯加州的偏僻地区都是退伍军人的爱。越南战争后,感到被社会误解的人会去那里,找到社会之外最大的慰藉。尽管这里轶事无穷,但退伍军人管理局,甚至大多数心理学家,都不承认游历荒野是一种合适的治疗方法。目前,主要是具有社会倾向的退伍军人自己在推动帮助军人的计划。

大卫·沙因费尔德(David Scheinfeld)曾带了11年退伍军人的野外拓展徒步课程,他曾用过"治疗性探险"的描述,但也没有特意让参与者认同这一说法。他亲眼见证了太多人在野外6天的旅行后彻底改变了生活,因此决定在得克萨斯大学奥斯汀分校的心理学专业攻读该方面的博士。他想知道这种方法为什么会成功,而其他标准干预措施却不尽如人意,比如认知行为疗法和药物治疗。

　　沙因费尔德在159名退伍军人的测试中，发现野外拓展训练参与者的心理健康状况有9％到19％的改善，而对照组的老兵丝毫没有改善。旅行结束后一个月，拓展组仍然可以显示出改善的效果。

　　为什么这种徒步有效呢？沙因费尔德指出，参与者（主要是男性）倾向于互相鼓励继续尝试心理咨询并坚持下去。"每个组中总有一些人会通过心理咨询得到帮助，这些人就变成了真正的导师。"他说。这样，参与者在旅行后寻求治疗的开放性就变大了，而且不太可能放弃治疗。成功还有一个原因，那就是旅行本身：要置身于荒野并参加互助的团体。这算是延续性的治疗，因为每天会花好几个小时，而不像美国退伍军人事务部一样，每周只有一小时的治疗。"对他们来说，很难坐在四面有墙的房间里谈论自己的感受，"沙因费尔德说，"处于自然环境中时，治疗的效果才最好，这可以让他们倾诉。"

　　其他研究显示了类似的结论。杨百翰大学（Brigham Young University）的尼尔·伦德伯格（Neil Lundberg）在2010年研究了"高地"项目的22名参与者。与排队参加项目的退伍军人相比，他们在旅行结束后，情景再现、情绪麻木和过度兴奋都显著地减少了，效果高达40％。但这并不意味着所有人都相信这个结论。犹他大学美国退伍军人研究中心的心理学家、空军退伍军人克雷格·布赖恩（Craig Bryan）仍然对基于自然的治疗持怀疑态度。他说，大多数的研究范围很小，缺乏有意义的对照，并且不会长时间跟踪参与者。"这些治疗方法可能比现有的治疗方法更好，但我们不确定，背后没有可以证明的数据。我希望看到随机对照研究，范围更大的研究。"

为了收集其项目的更多数据，野外拓展正与塞拉俱乐部[①]（Sierra Club）和美国退伍军人事务部合作，在西雅图退伍军人管理局进行一项大型试点研究。野外拓展和塞拉俱乐部每年都会接纳数百名退伍军人。斯泰茜·贝尔（Stacy Bare）正帮助协调野外拓展的研究。贝尔正是一位被荒野挽救生命的退伍军人，她理解人们对于更多数据的需要。

"我很惊讶，我们知道的仅此而已，"贝尔说，"我认为我们都相信户外活动的力量和神秘感，但这些都是科学难以量化的东西。在自然界中进行双盲对照研究是不是特别困难？是的，非常困难。我觉得我们不必达到这个标准，但我们必须采用更系统的方法来评估户外活动的影响。"

◇◇◇

在河上的最后几天走过的地方，在 2000 年曾被野火烧尽，2012 年又再次被烧毁。在以前的大火现场，新的常青树正生机勃勃地长着。2012 年火灾烧焦的树干周围，绿草如茵，可谓"野火烧不尽，春风吹又生"。一天早上，我挨着琳达·布朗坐在船上，她穿着救生衣，双手抱在胸前，凉鞋抵在船的前沿上。她是一位因抑郁症而被收容的老兵。"树木无法控制自己的生命，"她说得特别轻，就和耳语似的，"我们不可能总能控制发

[①] 美国环保组织。——译者注

生在自己身上的事情。树可以教会我们接受，破茧成蝶。"

几个月后，HG-714-RA队伍的大多数女性在回想起这段长途跋涉时，都会说爱达荷州的漂流有助于自己康复。但其中至少还有一个人——卡塔莉娜·洛佩斯，那位目睹过头颅肿胀的护士——会说没有。从统计数据来看，这似乎是对的。在其他心理健康研究，如芬兰的自然研究中，大约15%的受试者丝毫体验不到自然的改善作用。有些时候这只是因为这些人讨厌自然，如虫子、微风和广阔的天空。他们的神经系统在户外永远不会平静下来。

这不是洛佩斯的错。她说这次旅行的时间还不够长，不足以让她结束自己的噩梦，不足以阻止她吃了安眠药后，晚上还做开车穿过玉米地的梦，不足以让她重新相信任何人，当然也不足以让她游过更多激流，重拾信心。针对陷入困境的青少年的许多荒野治疗项目，都需要经过反复几周，甚至数月的时间。

虽然"高地"组织为每位参与者都提供了一个"休养基金"，让参与者回到家中可以继续进行户外运动，但洛佩斯告诉我，她还没有决定用它。玛莎·安德森和卡拉·加西亚现在经常在南加州冲浪，有时还会一起去。以前很被动的安佳·梅森也去了健身房，下定决心减掉20磅。我对她能有这么大的转变感到特别惊讶，她现在经常在家附近步行，而且想要一套露营装备。帕姆·哈娜则一直骑行，想用她的资助金买一辆山地车。

至于赫雷拉，她告诉我她正在报名另外一个河上的项目，这回是野外拓展组织的项目。"我很喜欢萨蒙河，喜欢成功的感觉。"而且她还在寻找其他项目,可能会在亚拉巴马州的乡村进行一场射击之旅,或者如果能找到一个接受残疾参与者的地方,她会去跳伞或攀岩。"我想每年夏天都找点儿事做。"她说。

她骄傲地告诉我,她会把长发留回来的。

11

请把钢锯递给我

童年，曾经是，或者说应该是一场空前的探险。这个故事里包含了清苦、勇气、持续的警觉、危险，有时还有灾难。[178]

——迈克尔·沙邦①（Michael Chabon）

在扎克·史密斯（Zack Smith）读二年级的时候，虽然他能坐在椅子上，但很明显他并不愿意待在上面。他在课堂上制造混乱，大声讲话，并且不懂得先来后到的规矩。扎克的父母曾经让他服用治疗多动症（注意缺陷多动障碍）的相关药物，其中大部分都没有用。现在，扎克在康涅狄格州西哈特福德市（West Hartford）上学，他在特殊的班级里上课，喜欢揍人。他

---

① 迈克尔·沙邦：当代美国作家、编剧，曾获普利策奖等多项文学奖。著有《匹兹堡的秘密》《天才少年》《卡瓦利与克雷的神奇冒险》等。曾担任电影《蜘蛛侠2》的编剧。——译者注

的脾气很差，有两次停学的处分。他在学校什么都不在乎。所以，当扎克的父母意识到再这样下去他们的儿子会惹出更严重的麻烦时，他们让他在八年级的时候退学了。

扎克最终跑到了西弗吉尼亚彭德尔顿县（Pendleton County）东边的一块花岗岩石板上。他头上戴着黄色的头盔，颜色跟小黄人①（Minion）一样，长到下巴的金红色头发在头盔下打着卷。背带勒紧了他扯掉了袖子的T恤，模糊了T恤上写的"使命召唤：高级战争"。

"内裤勒我屁股啦！"②他在离地20英尺的地方大喊。

跟他绑在一起的一个男孩叫丹尼尔，14岁，瘦削，老实。那天早些时候，丹尼尔问："我非要跟别人拴在一起吗？我只有95磅重。"两个孩子看起来都有点焦虑，但是毫无疑问他们都密切关注着岩壁和把他们拴在一起的绳子。一天前，在位于塞内卡岩③（Senaca Rocks）旁一块营地的野餐遮阳棚下，他们和12名来自高飞学院（The Academy at SOAR）的孩子在"地面教学"环节中学习了如何打八字结与普鲁士结，这些绳结可能会救他们一命。他们之间年龄最多相差5岁，但是都处在青春期的不同阶段，年龄小一点的孩子的身高看起来只有最高孩子的一半。扎克占据了一个尴尬的中间位置。他伸长四肢，双脚外翻，歪着嘴笑，喉咙里发出低沉的声音。

---

① 小黄人：动画电影《神偷奶爸》中的角色，有黄色胶囊状身体。——译者注
② "I have a wedgie!"：指把内裤拉到裤子外面的恶作剧。——译者注
③ 塞内卡岩：彭德尔顿县的地标，是一块峭壁，只能通过攀岩登顶。——译者注

他的右脚终于够到了新的岩块，让他往上了一点。他摸索着向上爬，最终在下降前成功拍了一下位于绳子顶端的铁索。"我的胳膊难受死了。"他在岩壁底端说道，苍白的脸颊因为日晒和使劲而憋得通红。丹尼尔一不小心踩到了攀岩绳，因此按照规定必须得亲它。这种事情实在是太过寻常，所以没人理会。有一段时间，两个男孩都在给一个叫作蒂姆的小男孩加油打气。蒂姆来自亚特兰大，戴着一副非常厚的眼镜，看起来像是某种护目镜。他头盔后面的胶布上写着激励人的外号"T骨时时乐[①]"（T BONE SIZZLER）。地面上一群孩子一起喊着："蒂姆加油！"

在成为这所基于户外探险的寄宿制中学的学生之前，扎克以及高飞学院的其他孩子已经在这里度过了几个暑假。这间学校坐落于北卡罗来纳州的巴萨姆（Balsam），是一个专门针对多动症患儿以及其他学习能力缺失的孩子的规范营地。其理念诞生于几十年以前，但至今仍被低估，即多动症儿童在野外能表现得更好。从那以后，被诊断出多动症的青少年数量猛增，在美国，这一数字曾经达到11%。与此同时，课间休息、体育课以及让儿童接触自然的机会迅速减少。

扎克第一次参加的"高飞"夏季项目包括了在怀俄明州为期三周的骑马野营。在此之前，他宁愿窝在家里玩电脑游戏。"我讨厌自然。"他是这么解释的。但是在怀俄明的广阔天空

[①] 时时乐：连锁餐厅，于1958年起源于美国加州，名字来源于牛排烧烤过程中发出的滋滋（sizzling）声。——译者注

下，有些东西让他发生了变化。扎克发现他能集中精力完成任务，能交朋友，并且状态变好了。他的躁动变成了对探险的渴求——这也许是他一直以来的本性。

◇◇◇

人类大脑的进化受到外部世界的影响。这个世界充满有趣的东西，但是并不会太多。在孩子的世界里，所有事物都能叫上名字：食物、生物、星座。我们应当有能力注意到身边令人分心的事物，否则我们可能会被吃掉。但是专注力也是必需的，这样才能造出工具、跟踪猎物、养育小孩、制定宏伟计划。进化选择了能够专注于任务，也能在需要的时候切换任务的早期人类，前额皮质的进化让人类能够掌握这种能力。事实上，正如大卫·斯特雷耶和他在摩押城充满干劲的神经学家同事们说的那样，快速转换注意力可能是人类最伟大的技巧之一。

人类祖先的大脑大多在一定程度上喜欢并想要探索新奇事物，这对我们来说是好事。人类的栖息地面积大于地球上所有物种，目前，加上宠物和牲畜，我们的活动面积占地球上脊椎动物活动面积的98%。但是进化也保留了我们大脑的多样性，让其中一些人相较于其他人来说更喜欢探索，或者说，在新的不熟悉的栖息地里更自在。他们是所谓的寻求刺激的人，在动态环境中表现更好，并能对新信息做出更快的反应。

我们曾经以为好动是一种病症。最近一款治疗多动症药物的广告[179]列出了患病的症状：疯狂地爬和跑，而且坐不住。

像扎克一样的孩子的大脑是值得研究的，因为这些孩子需要基于自然的探索，这种探索也需要他们。扎克和这帮不合群的孩子掌握着潜伏在每个人身上的探险冲动的线索。这种冲动在室内活动、电子屏幕以及一切远离自然的世界里逐渐变得岌岌可危。注意力的变化拯救了人类，也能帮助我们避免迈克尔·沙邦的沉闷宣言："孩童时代的野性早就消失，探险的时代已是昨日。"但首先，我们得理解学习和探索，童年、玩耍和自然世界之间的联系。

既然接触自然世界对于成年人如此重要，那么我很好奇，这对于那些大脑易受影响的青少年会有什么意义呢？既然孩童学习新知识的速度比我们快，那么户外活动就有可能给需要在精神上放松和找到新学习方法的孩子带来巨大的好处。在户外活动会不会帮他们改变注意力以及情感模式呢？

事实上，所有儿童都是通过探索来学习的，我不禁想知道我们是否在强迫他们接受我们的想法。不仅是通过药物治疗，还有结构过于复杂、管理过度的教室、运动队，不能自由地闲逛，以及越来越诱人的室内活动。现代生活让我们以及孩子们容易分心，不知所措。麦吉尔大学的神经科学家丹尼尔·列维京认为，人类每天会消耗740亿字节的数据。放学后，青少年对着屏幕的时间比他们干其他事情的时间要多得多。

"数字时代正在使我们的眼界和创造力急剧变小，更不用说我们的身体和生理机能了。"探险摄影记者詹姆斯·巴洛格[1]

---

[1] 《国家地理》杂志摄影师，下文提到的延时摄影为其作品《寻找冰川》。——译者注

（James Balog）如此说道，即使他千辛万苦拍摄的地表变化延时摄影作品依靠数字手段闻名千家万户。巴洛格小时候曾在新泽西州野外的山上闲逛到天黑，如今却不能让他八年级的女儿把视线从手机上移开。"这些不能花在户外的时间，"他说，"简直让我发疯。"

让孩子在暑假放飞自我、在树林里疯跑是一回事，如果像"高飞"那样整个学年都待在户外——两个星期待在建于树林里的学校，两个星期外出露营——如此循环，这要么意味着家长已经绝望，要么意味着大胆的教育洞见，也可能是两者结合。扎克这种"问题儿童"的背景故事十分常见，男生尤其如此，他们被诊断出多动症的概率是女生的两倍多。历史上有很多这样的幸运人士成了"新新人类"，例如荒野的拥护者约翰·缪尔，他在童年的早期经常在晚上偷溜出去，手指扒在窗台上摇摇晃晃，攀登苏格兰邓巴（Dunbar）危险的海边悬崖；奥姆斯特德痛恨学校，他的校长则放任他在乡间漫步；马克·吐温在12岁的时候辍学，却认为一场好的漂流旅行具有极高的价值；安塞尔·亚当斯①（Ansel Adams）的父母把他们焦躁不安的儿子带离学校，给他一架柯达布朗尼盒式相机并带着他在约塞米蒂国家公园尽情游玩。这就是当时的加利福尼亚式非学校教育。

奥姆斯特德在回忆过往生活时，认为应该是沉闷的教室为这些问题负责，而不是惹麻烦的男孩们。"一个男孩，"他写道，

---

① 美国摄影师、环保主义者。曾拍摄《内华达山脉：约翰·缪尔之踪迹》。——译者注

"在任何正常情况下，如果宁愿花一整天的时间安静地坐在一间屋子里而不是每天走10到12英里，那他肯定得了什么病或者遭受着劣质教育的煎熬。"[180]

"高飞"虽然在三年前才得到许可，但他们决心找到更好的解决办法。这个学校只招收32名学生，其中有26名男生。学生们被分配至4个学院，每个学院的学生年龄不同。学生有着个性化的课程规划，师生比为1∶5。学费每年49500美元，与其他寄宿制学校相比非常昂贵，而且这里也没有像霍格沃茨一样高大上的餐厅和一堆皮质封面的书本。学校提供必修课程的教育，同时教授例如烹饪之类的基本技能，但当学生们站在古战场中央或者在奥陶纪岩层旁扎营时，他们会在历史课和地理课上花更多心思。

"我们白手起家。"这所学校的执行董事约翰·威尔森（John Willson）如此说道。他从1991年开始以营地顾问的身份在这儿工作。"我们并没有重复别人的工作，也根本不在乎别人在做什么。"这所学校的创始人们并不是户外运动爱好者，他们只是发现了攀爬、徒步旅行和独木舟运动非常适合这个年龄段的孩子。此时，这些孩子大脑中的神经元正在向几百万个方向发展。"当你站在岩石边缘时，"威尔森说道，"你会感到兴奋和紧张，从而开启适应性学习能力，找到解决问题的新方法。"

伊利诺伊大学的研究员弗朗西斯·郭因研究公共住房的窗户而出名。她也探究了多动症和户外运动之间的关系[181]。研究虽小，但是具有启发性。在一项实验中，与待在室内相比，暴露在自然环境中的儿童多动症的症状减少了三分之二。在另一项实验中，她让17名8到11岁的多动症患儿在三个不同的场景里每天步行20分钟，这三个场景分别是住宅小区、城市繁华区的街道以及公园。在公园漫步之后，他们倒序记忆数字的表现突飞猛进，达到了正常儿童或是药物治疗效果最佳的多动症患儿的水平[182]。近期，在巴塞罗那针对两千名儿童的实验发现，在自然环境里花更多时间玩耍的儿童，注意力不集中和过度活跃的症状更轻[183]。

在2004年的一项研究中，郭和她的同事安德烈娅·费伯·泰勒（Andrea Faber Taylor）提出了注意力恢复理论如何运行的假设[184]。多动症儿童的右前额皮质，即负责组织、判断、集中注意力的实体更不活跃。如果自然能够促使右前额皮质恢复，这些孩子的注意力就能集中。

多动症的出现是有原因的。如果你像极限运动员一样在刺激和混乱中表现更好，整天待在学校绝对会榨干你的灵魂。但随着工业化的进一步发展，教育家们认为所有孩子都该待在标准化的教室中。"多动症发现于150年前，正好是义务教育开始的时段，"加州大学伯克利分校的心理学家斯蒂芬·亨肖（Stephen Hinshaw）说道，"因此我们可以说，多动症的出现受到了社会的影响。"

亨肖认为，具有探险精神的孩子不仅会在传统学校里感到无聊且表现不好，还会因这种受限的环境使多动症症状恶化。

玛丽亚·蒙特梭利^①（Maria Montesorri）在1920年就已经开创性地提出，中学应该改变基于授课的命令式教学，追求农庄和自然学校式的教学。学生们可以到处漫步并通过实践学习。对于像扎克·史密斯一样的学生来说，学校充满了规矩，让人感到压抑。因此他们变得调皮，这使他们被转移至更加受限的环境中，有时还要有用铁链做的篱墙、守卫人员，并且服用超出治疗多动症所需的缓解焦虑、抑郁和攻击情绪的神经性药物。有时这些孩子会碰上麻烦，或像扎克担忧会发生在自己身上的事情那样，在深夜被一个陌生人粗暴地捆起来，带到一个本质上是集中营但手册上写着"拓展训练"的住院治疗项目中。

　　越来越多的研究人员从小白鼠身上看到了相似的模式。我们得承认，它们都遭受着终极精神虐待。华盛顿州立大学（Washington State University）的神经科学家雅克·潘克塞普（Jaak Panksepp）限制了小白鼠幼年时的自由探索和玩乐时间后，这些小白鼠的大脑额叶（控制执行功能）就不能正常生长。成年之后，这些小鼠的行为体现出了"反社会人格"的特征。"我们发现，如果动物不能玩耍，如果没有足够空间供它们使用，它们就会极度渴望玩乐，"潘克塞普说道，"它们不能控制冲动，并最终导致社交能力出现问题。"

　　反过来，拥有足够时间玩耍的动物大脑会发展得更好更耐

① 意大利幼儿教育学家，重点针对精神上有障碍的儿童，发展出了"宇宙教育法"，认为如何对待"弱智"和"智障"不是医学问题，而是教育问题。——译者注

用。潘克塞普的研究显示，半个小时的玩耍时间就能帮助幼年小白鼠释放适合大脑生长的物质，并且激活前额皮质中的几百个基因[185]。他指出像利他林（Ritalin）和阿得拉（Adderall）这些治疗多动症的常见兴奋剂药物会帮助很多孩子集中注意力并提高学业水平，但是这些药物会暂时性地摧毁孩子们探索的欲望，这还是最好的状况。"我们都知道这些是'抗玩耍'药物，"他说，"这很明显。"

更大的问题是：这些药物以及它们带来的久坐行为，是否会长期压抑儿童的探索冲动？心理学家认为不会，但实际情况谁也不清楚。这并不是什么好的现象。在640万名被诊断出多动症的美国儿童中，有一半在使用处方兴奋剂，数量比2007年上升了28%。

◇◇◇

在"高飞"学院的学生入学时，他们会把衣服穿反、忘记吃饭或者一直闲不下来。他们因为愤怒而攻击他人，而且很容易抓狂。多动症的症状在男生和女生之间是不同的。男生中最典型的症状其实一想便知，他们会过度活跃、容易冲动和分心。我们或多或少也会有这样的特质，但是症状更加严重的人在大脑掌管行动和注意力的区域有着不同的化学反应。他们不能认真听或者久坐，会因为外部刺激而分心，容易感到无聊。他们更偏向寻求刺激，喜欢充满刺激的活动，因为这能让他们的大脑充满像多巴胺、血清素以及去甲肾上腺素这类让人感觉良好的神经递质。这些神经递质在多动症患者的大脑中一片混乱。

多动症患儿更容易头部受伤、意外吞下毒药或者吸食街头毒品。

　　过往的研究显示，像扎克一样的孩子，以及大多数孩子，如果在开始学习的时候能处在户外，他们的状况会更好。艾琳·肯尼（Erin Kenny）是华盛顿州瓦松岛雪松之歌自然学校（Cedarsong Nature School）的创始人，她认为："如果不让孩子撞南墙，他们是不会回头的。"[186]

　　这也与发明幼儿园（kindergarten）的人最初的想法差不多。

　　弗里德里希·福禄贝尔①（Friedrich Fröbel）于1782年生于魏玛附近，这是德国古老森林和繁茂溪谷的中心。作为一名成长在浪漫主义时期的自然史学生，他非常喜欢法国哲学家卢梭。卢梭曾经在写给福禄贝尔的信中说："出自造物主的东西都是好的，而一旦到了人的手里，就全变坏了。"[187]在《爱弥儿》中，卢梭也举过一个在童年培养好奇心和自由意识的例子。这样激进的概念影响了进步教育（progressive education）的方方面面。在福禄贝尔的时代，7岁以下的小孩基本上都待在家里或者为了方便被送到托儿所。福禄贝尔深知沉浸在自然和艺术中的教育将会潜移默化地灌输终身学习的思想。他相信儿童也会从中学到感情上的技巧，例如同理心，以及与任何生物产生联系的深层感受。

　　在小学教育领域工作了几年之后，福禄贝尔于1837年开设了一所专门针对幼童的学校。他正是在林中漫步（看到了吗？

---

① 德国教育家，现代学前教育鼻祖。——译者注

是"林中"漫步!)时想到了"kindergarten"这个名字。在这个园子里,孩子们可以通过所有感官来感受自然世界。他们能在户外种植、锻炼、唱歌、跳舞。他们也可以摆弄一些简单的物体,比如积木、木球以及彩纸,通过它们无意识地学习自然法则:地理、形状、物理和设计。福禄贝尔不相信亦步亦趋的教学计划。他认为儿童应该听从自己的好奇心和"自主活动"(self-activity)。这个理念一度十分流行,但是普鲁士政府害怕这会带来自由游戏①(free play),进而产生自由的无神论思考,于是他们在1852年福禄贝尔去世之前关闭了所有公共幼儿园。但是他的理念仍使很多富有且人脉广泛的女性产生了共鸣,后来,这些女性在国际上成了这一理念的"传教士",获得了巨大的成功[188]。诺曼·博斯特曼(Norman Brosterman)在他著名的历史记录作品《创造幼儿园》(Inventing Kindergarten)中写道:"这是现代史中的一颗小粒珍珠,它就是幼儿园。"

童年却并不是完全相同的。

虽然幼儿园这个概念传播到了其他国家,其中就包括美国,但是概念走向的变化之大绝对会让福禄贝尔大发雷霆。他反对给这个年龄段的孩子上正式的课程,甚至不愿意看到字母出现在积木上。但是在19世纪晚期,教育工作者们发现要让儿童,尤其是工人阶级的儿童做好适应工业生活的准备。从此幼儿园的课程将更多时间花在室内,而且更加具有实用性。尽管在20

---

① 自由游戏:概念出自康德《判断力批判》,即"鉴赏活动是想象力和知性为主的审美主体的心理认识技能,不在任何概念和逻辑的限制之下"。——译者注

世纪60到70年代对建立自然学校有过短暂的思考，美国的幼儿园仍然坚定不移地让孩子们坐在教室里面学习。

但是福禄贝尔以自然为中心的教育理念并未从欧洲消失。直到今天，欧洲的孩子们到七岁才会学习阅读和数学，德国有超过一千家"森林幼儿园"（Waldkindergärten）。这种幼儿园在北欧的数量越来越多。在类似的学前教育学校中，孩子们能在各种天气下出去玩，摆弄各种自然物质，玩得很开心。我曾拜访过苏格兰佩思郡（Perthshire）一所叫作奥克隆（Auchlone）的学校。孩子们在这里可以开心地四处跑动，爬树，在树枝搭建的圆锥形帐篷里过家家，为一只死去的青蛙办葬礼。在点心时间里，一个四岁的小男孩帮忙生起一堆火来爆爆米花。学校的主管克莱尔·沃登（Claire Warden）非常愿意让小孩子生火，她也支持让学龄前儿童使用刀具并在体力上挑战自我。她曾跟我描述过当一棵大树在风暴中被刮倒后，这帮孩子花了几天时间锯木头并磨掉尖锐的部分，从而让树干攀爬起来更安全。她解释说，这创造出一个典型的基于自然的课程：孩子们提高了身体灵活性，知道了因果关系，还锻炼了团队合作能力。

沃登知道其中一些概念可能会给美国的家长和他们"温室里的童年"造成冲击。"我们不能避免所有危险。"她说。就像是为了证明什么似的，一个穿着黄色靴子的男孩路过我们，手里拿着一把儿童钢锯。在美国，把"儿童"和"钢锯"这两个词放在一起是矛盾的，但在这里，钢锯却是一种教具。早些时候，我还看到一个男孩拿着一把削皮刀。"我们该做的是评估风险的危害，而不是避免风险。"沃登说道，"无聊且不能让全部学生参与课堂的学校，只会在这些孩子的青少年时期让父母和纳税人花掉几百万。"

如今，斯堪的纳维亚国家十分之一的学龄前儿童几乎整天都在户外，另外一大部分儿童也会花大量时间待在户外。在芬兰，户外活动在小学每天的活动中占比惊人：对于学生来说，每小时中有十五分钟待在户外是很正常的。

在芬兰的时候，我曾经问过一个六年级的老师为什么要这么安排。这个叫约翰娜·佩尔托拉（Johanna Peltola）的老师跟很多芬兰人一样务实。她说："如果孩子们到户外呼吸新鲜空气，他们就能思维清晰。"当美国的教育专家们歌颂着芬兰的教育系统，并且赞美这个国家的学生在国际学术中突出的地位时，他们经常会忽略新鲜空气的因素。在阿曼达·里普利（Amanda Ripley）的著作《世界上最聪明的孩子》（*The Smartest Kids in the World*）描写芬兰的章节中，她甚至都没有提到户外活动。

有趣的是，芬兰拥有跟美国相同比例的多动症患儿：11%。其中大多数是男孩。但是当美国大多数青少年通过药物治疗时，芬兰孩子却没有这么做[189]。

福禄贝尔的信仰和芬兰人的实践，已被科学证实了。在自然中玩耍丰富了最起码两种公认能够促进儿童认知和情感发展的活动：练习性游戏和探究性游戏（exercise and exploratory play）。对几十个研究所进行的元分析显示，通过身体活动，不管是感知能力、智商、语言能力、数学能力，还是学术准备能力，学龄儿童（4～18岁）脑力活动的表现会提升[190]。而幼儿的提升效果是最好的。

更吸引人的是，宾夕法尼亚州立大学的研究人员发现，在预测未来的成功时，早期的社交技能表现比学术表现更有意义[191]。他们对750名儿童进行了20年的跟踪调查。那些被幼儿园老师认定有着很强合作能力、解决冲突能力和倾听能力的孩子更不容易失业、产生药物滥用问题、被逮捕、住公共住房或者靠救济金度日。在20世纪70年代，德国赞助过一个更为大胆的研究。研究者们跟踪调查了100名幼儿园毕业生，其中一半来自基于活动（并不严格限定为户外活动）的幼儿园，另一半来自基于学业和教导的幼儿园。基于学业的幼儿园的学生一开始取得了优势，但是在四年级的时候，不管是学业指标还是社会情绪指标，他们都比不上基于活动的幼儿园的毕业生。因此，德国改变了向基于学业的幼儿园发展的趋势，福禄贝尔一定会为此感到欣慰。

但可惜的是，美国的幼儿园并不是这样，孩子们待在课桌旁的时间越来越长。2015年发表在《小儿科期刊》（*Pediatrics*）上的一篇文章显示，即使推荐的锻炼时间为两小时，学龄前儿童平均每天也只能在学校里锻炼48分钟[192]。而在这48分钟内，只有33分钟是在户外。《小儿科期刊》2009年的一篇研究报告显示，三年级学生中，有30%的学生每天课间休息时间不过15分钟[193]。另外一篇文章中，39%的非洲裔美国学生没有课间休息，而白人学生的这一比例为15%。

家长也没帮上什么忙。简·克拉克（Jane Clark）是马里兰大学运动机能学的教授。她将学步阶段的儿童称作"装起来的儿童"[194]，因为他们花在汽车儿童安全座椅、高脚凳和折叠式婴儿车上的时间越来越多，久坐在各种介质当中。美国户外基金会（Outdoor Foundation，由美国国家公园管理局和户外运动产业的制造商共同资助）的研究显示，各年龄段的儿童参与户外活动的频率逐渐下降，2006年到2014年，6至12岁年龄段儿童的下降尤为突出（为15%）。户外运动指标包括了远足、露营、垂钓、骑自行车、划船、滑板、冲浪、野生动物观测以及其他活动，其中没有涵盖有组织的运动。

在2004年，70%的美国母亲认为她们在童年时能独自在户外自由玩耍，而只有31%的母亲允许她们的孩子这么做，即便如今的犯罪率比以前有所下降[195]。英国的儿童似乎也有同样的困扰。根据英国国民信托组织①（National Trust）的报告，20世纪70年代开始，他们的活动半径（儿童被允许在家周围自由活动、无须监管的范围）缩小了90%。在1971年，7至8岁儿童中有80%步行上学，到了1990年，这一数字只有不到10%。

在英国，三分之二的学龄儿童不知道橡树籽是长在树上的。

◇◇◇

在"高飞"，很多学生入学时都带着药片，很多人依赖药物。营地教员任何时候都会挂着一个里面装满药物的密封邮差

①　国民信托组织：英国一个脱离政府的独立运作的公益组织，也是欧洲最成功的历史文化遗产和自然景观保护组织。——译者注

包，就像有袋类动物一样。虽然威尔森强调"高飞"并不能帮助多动症患儿离开药物治疗，但是有些学生已经能够摆脱它们了。扎克的父母告诉我，他们准备在即将到来的假期中扔掉扎克治疗焦虑的药物，同时希望能降低兴奋剂的剂量。"扎克的改变可以用奇迹来形容，"他的母亲玛琳·德佩科尔（Marlene De Pecol）说道，"现在的他很开心。"

如果真如研究假设的那样，户外自由活动对于孩童的身心健康如此重要，你一定想看看在经历了如此巨大的转向室内活动的代际变化之后，疾病的相关数据是否上升。事实上，这就是你所看到的，虽然很难找到特定的诱因，但是数据令人惊恐：在美国，学龄前儿童服用的抗抑郁类药物市场发展速度极快，超过一万名美国学龄前儿童因为多动症在进行药物治疗。跟20世纪50年代的青少年相比，如今的青少年在焦虑和抑郁方面的临床得分要高出5到8倍[196]。从1999年开始，美国的自杀率几乎在所有年龄段都有上升，14岁少女的上升幅度尤为巨大，为200%。

众所周知，美国的儿童肥胖症患者数量是以前的三倍，而过敏和哮喘患者数量在过去三十年飞速上涨。美国疾病控制与预防中心的数据显示，有十分之一，也就是760万名儿童患有维生素D缺乏症，而三分之二，也就是5080万名儿童维生素D不足。我们的身体需要日照，这能调节我们的睡眠以及日间活动，从而让我们强健骨骼并增强抵抗力。这个问题愈发严重，以至于维生素D缺乏造成的佝偻病在美国和英国越来越常见，而这本是可以消除的。最近15年，佝偻病患者数量翻了两番。

只要把小孩子放在绿色的环境中，即使只是草坪或灌木林，他们也会开始活动。在拥有传统操场的学校里，男生的活动量要比女生多。但是瑞典的研究显示，在自然环境中男女生之间的活动量差别会缩小。自然会消除性别之间的活动差异。森林幼儿园里的孩子比室内幼儿园里的孩子更不容易得病，在他们体内，细杆菌的种类也更加多样。

扎克·史密斯是幸运的，像他一样的孩子，从夏令营到风景优美的学校，有着多样的选择。如果我们真的在乎孩子的健康，想让更多孩子接触自然并且重建学前教育和小学教育，我们必须了解我们的孩子大都是在哪里生活和学习的，那就是在城市、住宅、社区以及公立和私立学校里。

我问我在华盛顿特区读七年级的儿子："你平均每天有几分钟的课间休息时间？"

"课间休息？我们起码三个月没有课间休息了。"

这是个问题，因此我给初中校长打了个电话。

"我知道，"她用安慰抓狂母亲的语调对我说，"我也希望学生们能多做户外运动，但是外面太泥泞了，这样门廊就会很脏。"

换句话说，这是一个保洁问题。在芬兰，孩子们会把他们的靴子脱在大门外。美国学校并不需要更多iPad以及考试准备，也许它们只是需要更多长筒靴。

◇◇◇

坦白讲，时不我待。既然主动探索能够提升孩童和成人的学习能力，那么像扎克这样前额皮质正处在产生影响一生的神经元的关键阶段的青少年，应该是这个过程中最大的受益者。约翰·格林（John Green）和梅根·埃迪（Meghan Eddy）是佛蒙特大学（University of Vermont）的生物行为心理学家，他们对成年和青年阶段的小白鼠进行了测试，然后他们给小白鼠布置了一项任务，让它们记住如何在迷宫里找到食物。经常锻炼的年轻白鼠表现优于经常锻炼的成年白鼠，与服用利他林的白鼠表现一致。看起来在青少年时期玩耍、探索和锻炼能提高哺乳动物的学习能力，正如"高飞"的威尔森所猜想的那样。或者，可以引用格林更加正式的话来说："青少年的前额皮质已经准备好接受自然经验的改造了。"

是时候做出改变了。让孩子发展的最佳窗口很有限，也许通过这种做法，我们能让那些极其喜爱并比其他人更擅长探险的孩子来守护未来的创新式探险。

多动症患者就是先锋部队。如果他们能找到让大脑更好地适应环境的方法，我们剩下的人就有希望。很明显，如果有机会待在户外，人类大脑就会长成最佳状态。

在西哈特福德市的胶木教室中颓废了多年的扎克·史密斯已经做好准备。他和他的伙伴们聚集在营地的火坑旁，肚子里装满了汉堡包和腌黄瓜。外面已经很黑了。明天全部14个孩子将会在塞内卡岩上再多攀爬四阶的高度。再往后几天，他们会背包穿过多利牧场自然保护区（Dolly Sods Wilderness Area），之后他们会拜访斯通维尔·杰克逊[①]（Stonewall Jackson）的墓并朗读将军妻子的姐姐写的一首诗。如果不是装出来的话，现在的他们很累。

今天扎克是"星球队长"，即负责收集垃圾的人。另外一个叫马克斯的孩子是记录员。他16岁的时候很喜欢放响屁，而且对此非常自豪。"在户外我做事从不会半途而废。"他说。在小路上，他告诉我，他也是一个抓松鼠能手、登山者和漂流船员。从学校辍学后，他本想找一份领航员的工作。马克斯头上围着紫色的扎染印花大手帕，他打开小组日记，准备在头灯微弱的红色灯光下记录今天发生的事情。

扎克直挺挺地躺在地上看星星，为星光所震撼。"在家里面绝对看不到这些。"他说。

[①] 被誉为"石壁将军"，是美国南北战争期间南方军罗贝特·李将军手下的高级指挥官。——译者注

第五章

园中之城

12

为我们定制的自然

如果人并不仅仅为面包活着，那还有什么比植树更值得去做的呢？[197]

——弗雷德里克·劳·奥姆斯特德

2008 年，我们来到人类种群居住的关键节点：过半数的人类都居住在城市，这是史无前例的。正如一位人类学家所说，我们可以被称作"都市智人"[198]（metro sapiens）。然而，这并未结束。在未来 30 年间，将有超过 20 亿人口迁居城市；到 2030 年，仅印度的城市人口就将达到 5.9 亿[199]；在中国和利比亚，城市人口均将过半；孟加拉国和肯尼亚的城市人口比例将在近几年内翻两番。

这场意义重大的城市人口迁徙可以带来很多好处：城市通常是最具创造力、最富裕，也是最能高效利用资源的人类居住地，城市居民往往能比生活在农村的人享有更好的卫生、营养、教育、性别平等和医疗资源（包括计划生育）。不过，这些日益膨胀的大都市并未都成为我们所期待的思想启蒙的大本营。金沙萨（Kinshasa），刚果民主共和国一座人口超过1100万的城市，人均年收入仅250美元。哈佛大学经济学家埃德·格莱泽（Ed Glaeser）曾叹言：像这样一座拥有大量贫困人口的城市，除了"人间地狱"[200]，还能用什么别的称呼去形容呢？他表示，要让像金沙萨这样的城市变得宜居，将是21世纪的一个巨大挑战。

如何把更多人填进越来越小的空间而不让他们发疯，城市需要好好想法子。早在1965年，动物行为学家保罗·莱豪森（Paul Leyhausen）就曾研究并描述了猫在非自然拥挤环境中的举动："它们开始越发地激进易怒，情绪暴躁，俨然变成一群恶意充溢的暴徒。"[201]在相似的环境中，挪威鼠（中国学名褐家鼠）会忘记如何筑家固巢，种族内开始自相残杀。被囚禁的灵长类动物的激素系统会紊乱，繁殖量也大幅减少。那么，我们人类呢？有大量医学文献评论指出，城市居民的焦虑症增长了21%，心境障碍增长了39%，患精神分裂症的风险翻了一番[202]。城市生活与杏仁核及前扣带皮层活跃程度的增加密不可分，杏仁核被称作大脑的恐惧中心，前扣带皮层则是控制、协调恐惧和压力的核心区域。

与此同时，葡萄牙的一项研究发现，与绿色空间相比，居住在工业化"灰色空间"附近的人们表现出"减少了应对策略的使用"，且乐观程度较低[203]。最后一点相当重要，乐观程度与健康行为、相对较低的甘油三酯含量和心理韧性有关。根据世界卫生组织的报告，我们需要更多心理韧性[204]：要知道，在全球范围内，抑郁症造成的健康寿命损失比其他任何疾病都要多。

　　我已经了解了自然改善人类大脑的方式，现在，也是时候将学到的经验反馈给绝大多数人生活的地方——城市了。有几个基本点要把握：我们都有靠近自然的需求；我们无论在认知还是心理上都因树木、水体和绿化而得益，哪怕只是短暂瞥了一眼；我们还会更加聪明地美化我们的校园、医院、办公场所和街道，让每个人都能从中有所获益。居住在城市中的人们需要快速便捷的途径来投身自然的怀抱——这个能激活所有感官的干净、宁静、安全的天然避难所。在自然中的片刻沉浸就能减轻我们的易怒和焦躁，让我们变得更具创造力，更具公民意识，拥有更全方位的健康。为了防止抑郁症，让我们向芬兰人学习，每月至少有5小时身处大自然中。不过，正如诗人、神经科学家和户外爱好者告诉我们的那样，我们有时需要更长时间、更深入地沉浸在野外，才能从强烈的痛苦中恢复过来，畅想未来，并成为文明开化的最好的自我。

　　基本上，我们需要来自大自然方方面面的影响，大型城市作为现代人的栖居地，究竟能否做到有求必应呢？

　　为了了解乐观主义者如何看待我们拥挤的未来，我来到新加坡——这座早已处在未来前沿的城市。兼具国家和城市属性的新加坡，全世界独一无二，绝不寻常。新加坡总人口超过500万，是美国华盛顿特区的8倍，而城市面积却仅是后者的4倍。

新加坡是地球上人口密度第三大的国家[205]。正如规划者所说，它是高密度的。在新加坡南洋理工大学任教的灵长类动物学家迈克尔·居默尔特（Michael Gumert）认为，新加坡是人类的一个"实验"。他跟我谈到，人类在经历一个自我驯化的过程，用人们目前不能完全理解的方式给城市增压是有必要的。那么，都市现代人的进化速度快到足以适应这一切了吗？

谈起对新加坡的初印象，是它关于嚼口香糖和在公共场所吐痰的禁令，以及对违反者处以诸如鞭刑这样匪夷所思的刑罚。这些被广为唏嘘的政策，让人联想到电影《魔法保姆麦克菲》（Nanny McPhee）中"死亡将至"的惩罚。然而之后听到的，则是新加坡的"绿墙"、华美的花园、垂直农场，以及它常被称作世界最"亲生命"的城市的原因。飞临新加坡时，映入眼帘的是被生机勃勃的绿色点缀的巨大建筑群，我立刻意识到，这绝对是一个满目苍翠的大都市。连接机场的高速公路两旁整齐地栽满了棕榈树，底下的灌木丛中鲜花盛开，绿色的华盖随之蔓延开来。对于一个热带岛屿来说，也许这并不稀奇。但我后来了解到，这个区域是损毁后重建的。大量的森林砍伐导致这里的土地极度贫瘠，如今看到的所有乔木和灌木都种植在从别处移来的"客土"（imported soil）上。这座城市就像一个不安分的女歌剧演员，生怕没被注意到。我下榻的酒店和市中心很多高楼看起来都很像茨欧鼠尾草，一个出租车司机在我下车时打趣说："你睁眼醒来就可以去吃草了！"

也许，能开启我探索新加坡自然伦理的好去处，就是有155

年历史的新加坡植物园（Singapore Botanic Gardens）了。这座世界级规模的巨型植物园登上了联合国教科文组织世界文化遗产名录，新加坡国家公园局的总部也选址于此，一天营业19个小时，且入园免费。为了躲避突如其来的大雨，我跑进国家公园局的行政大楼，在这里，我遇见了戴着一副眼镜、相貌和善的园林发展署署长杨明忠。在多数国家，园林部门的规模都相对较小，资金不足，且缺乏计划；而新加坡愿意每年花费2亿新加坡元在开发景观上，这是国家财政预算的0.6%，相当于美国国家公园管理局得到的美国联邦财政支出份额的五倍，难怪杨署长在谈话中一直带着微笑。

杨署长出生于1963年，正是曾沦为英国殖民地的新加坡从马来西亚脱离出来的两年前。在近55年一党独大制的统治下，或者可以说是在前总理李光耀一人的铁腕领导下，新加坡发展成世界名列前茅的经济体，人均GDP、受教育程度、生活水平和平均寿命等指标排名都比美国靠前[206]。考虑到新加坡以下几个特点——几乎没有可出口的自然资源、缺少城市扩张空间以及动荡的民族混居局面下的人口激增——这个成就就更令人印象深刻了。

关于李光耀，有一个广为人知的事迹。他上任后不久，就在一个交通环岛里种了一棵绿化树，这算是他个人执着的开端。新加坡很快采取行动，引进上千棵树，聘请众多树木栽培家和园艺家。他发起"花园城市"（garden city）计划，并在顺利实现后进一步提出更宏大的愿景——"花园中的城市"（city in garden）。他在回忆录中写道："独立后，我一直在寻找能使我们摆脱第三世界国家阵营的效果显著的出路，我把方向定在建造一个绿色洁净的新加坡，我的其中一项战略即为使新加坡成为东南亚的绿洲……"

　　杨署长相当自豪地跟我说，如果将新加坡的森林保护区、市中街心花园、未开发的土地和城市街道绿化都加起来，那新加坡国土面积（276平方英里，相当于719.1平方千米）的一半都将被绿色覆盖。他说："我们竭尽所能，让所能寻找到的每一寸土地都充满绿色。"昔日充斥着功利色彩的运河被再度美化，增加了能够连接公园的300多千米的绿道。当一个新的开发项目启动，开发者必须弄明白，如何通过打造绿色屋顶、在停车场上建造融合性花园或公园等来替代因为项目而失去的自然，甚至尽可能使之恢复得更多，这样政府就会提供资金补贴额外的费用。我参观了很多令人叹为观止的建筑，包括一栋被称为"世界最大垂直花园"的24层公寓大楼，23000棵山牵牛花藤爬满了建筑靠西的一面，整个墙面就像是会动一样！不瞒你说，看到它，我的反应像个"盗墓者"。经其建造者计算，它在提供更好的隔离和制冷效果方面，可以节省15%～30%的能耗，这对于处在我们这个变暖的星球上的热带岛国来说，可是省下了一大笔开销。

　　正因为这些政策，新加坡的绿化率在持续增长。即便国家人口在1986年至2007年这20年间增长了200万，绿化率仍从36%增长到了47%。我的城市华盛顿特区，与世界上绝大多数城市一样，情况与之完全相反，绿化率从1950年的50%缩减到36%。要论如何实现将绿色基因编入城市的DNA，新加坡可谓一个绝佳的模范。"我们正努力实现一个目标，让80%的新加坡人能够每人拥有方圆200米的绿色居住空间，"杨署长说，"现在我们达到70%了，离实现这个目标不远了。"

雨停了，杨署长轻快地走到外面，带我去看花园里的国家遗产树。一棵枝叶繁茂的有150年树龄的香灰莉木（Tembusu）备受各方宠爱，以至于被印在5新加坡元的纸钞上。它有一根粗壮如木桶的树枝从树干上伸出来，离地表很近并与之保持平行。"这是一棵令很多新加坡人都感怀的树，它伴随着孩子们的成长，"他说，"家庭郊游时，孩子们在它上面攀爬玩耍；当孩子们长大成熟后，它又是一棵'约会树'，见证着朋友之间的情谊；它还是一棵求婚树，很多人都在这里拍婚纱照！"

"那你的婚纱照也是在这儿拍的吗？"我好奇地问道。

"没错！"

◇◇◇

一切听起来都很棒，这很像新加坡，对于大自然的爱被美美地包装起来，是各种小册子和机场海报现成的素材。试问，游客们和投资者都能看到布置精美的公园和被绿色铺满的建筑吗？这里会是个华而不实的"波将金天堂"吗？为了探究自然是如何触及人们实际生活的这个问题，我造访了当地一所社区医院——邱德拔医院。它并不靠近市中心，外国人和移居者也并不常来这儿看病，但它却因为是"亲生命"设计的一个全新成功范例闻名遐迩。不得不说，这对于一家医院而言简直不能更好了。许多房间都面向生气勃勃的室内庭院，繁茂浓密的绿树和灌木经过精挑细选，专为吸引飞鸟和蝴蝶。庭院外有一个相当大的池塘、一条蜿蜒的步行小径和一座药草园，池塘中心漂浮着一座迷你人工岛，吸引着白鹭等鸟类，一条小水道穿过花园，濒临灭绝的鱼儿在水道里自由嬉戏——医院整体有意识地采用了生物多样性设计，只可惜，恐怕这里是这些鱼儿最后的栖息地了。

医院每一层都有阳台，植物从阳台上垂落，给人一种在香格里拉的错觉，好像一整栋楼就是从丛林中拔地而起的一样。陈女士是医院的首席园艺师，常被称为"蝴蝶夫人"。"这就是我们说的花园中的医院，"我们走过被娇小的金黄色太阳鸟簇拥的芙蓉花时她说，"实践经验告诉我们，人们喜欢绿色，也享受绿植。我们努力尝试给病人提供一个舒适的治疗环境，可以帮助他们降低血压，让他们在求医看病时也能有更好的身体状态。"

我们经过一尘不染的重症监护室，在这里每位病人都能透过 6 英尺高的窗户看到葱葱郁郁的树木，走廊和楼梯平台多个角度都面向室外。医院里闻不到惯有的消毒水气味。陈女士说，这里反而是全新加坡医院内获得性感染（Hospital acquired Infection）率最低的医疗场所。这让我想起 2012 年俄勒冈州波特兰市一家医院的研究[207]，该研究表明，与户外通风良好的房间会拥有更加多样化的细菌种类，且有害细菌相对较少。陈女士接着带我去了屋顶的有机菜园，培育出的蔬菜由当地热爱园艺的人们照料着，一部分供医院的病人食用，其余的在当地农贸市场上销售。她折下了几片细长的带着紫色和绿色的蚌兰花叶子送给我，让我拿去泡茶喝。"尝尝我们的招牌饮料，富含抗氧化物，"她介绍着，"还有利于解暑。"

回到"鼠尾草"酒店，我泡了些蚌兰花叶子喝。实在是爽快，暑气全消，于是我再次出发。每个人都跟我说，在离开新加坡之前必须去一趟滨海湾花园。这座耗资数十亿美元的庞大奇妙的"超级城市休闲空间"兴建在填海土地上，由多个户外花园和两个巨型园艺温室组成。通常，温室需要通过加热保持恒温，而在热带的新加坡却需要冷却降温。这里有温带气候生物区，矗立着云雾林、地中海橄榄树林和加州丛林。要说公园的得意之作，那就是18棵80至160英尺高、直插云霄的超级大"假"树。比真树有趣的地方在于，它们的外观像极了巨型高尔夫球座。一条羊肠小道在树冠下蜿蜒，你可以毫无遮拦地一览城市天际线，接着在顶层餐厅的牛皮靠垫上品味高级蛋卷。藤蔓和凤梨科植物（真的，移植过来的）生长攀爬在这些结构上，而这些结构能给植物喷洒收集到的雨水。最好的一点是，它们还配置着一块块面板收集太阳能，会在晚上将电转化为一场又一场灯光的盛会。

吃完蛋卷，身心都被治愈了。我坐在树冠下修剪得十分细致的草坪上，旁边是带着孩子们来进行家庭郊游的父母们，孩子们在草地上快活地奔跑。随着城市渐渐沉入夜色，电子交响乐的第一个音符便跳动了起来，树木在一瞬间绽放在五颜六色的霓虹里，将音乐盛宴推向高潮，连"齐柏林飞艇"（Led Zeppelin）的激光表演都无法相比。这种情感与我在犹他州的布拉夫峡谷所体验到的截然不同，我感觉我的内心在萌生敬畏。

未来城市的自然是隐喻、技术和渐进发展的结合，正是作家、数字化先行者休·托马斯（Sue Thomas）所谓的"科技亲生命"。谁还会在意究竟什么才是真正的自然呢？人类当前掌控着全世界的生态系统，而新加坡展现出建构自然的极端，它推动着我们的认知，对青草，对绿，对蓝，对安全，对美，对玩乐，对我们视觉感官上的兴趣，对好奇的认知。我是否真的能从中获得满足感呢？我们当中真的有人能将自己置身于荒野的时空里吗？我的答案是，不能。这是预料之中的，即便兴趣存在，也难以停留很久并保持新奇，且不够达到卡普兰对神秘和逃遁的定义。然而，这些孩子和他们年轻的父母让我意识到，他们绝大多数或许从未亲眼见识也不曾流连更加开放而野性的自然。如果这都不足以成为保护野生自然并确保人们体验自然的理由，我不知道什么才是。

从公园走出来，我向南望去，月色朦胧，银得苍白。

我根本没注意到它。

◇◇◇

从新加坡身上，我学到两大教训。首先，要让绿化渗透到每一个街区，行政上需要有一个强大的管理规划愿景。其次，要让城市自然更好地服务于市民，需要至少以景点的形式保存自然的原始野生状态。此时此刻，我不禁开始想象会有令人敬畏的有关部门为城市提供更好的自然。真正的自然混含着杂乱、血液、强风、争斗以及像脉冲一样跳动变化着的地质。新加坡的自然也许有自然的模样，却没有自然的声音和自然的举措，这不是真正的自然。那么，阐释着达尔文学说的那些牙齿和爪子还有可能存在吗？

为有生命的树而不是假树庆祝喝彩似乎是合乎逻辑的举措，树木也确实是实现城市救赎的最佳工具。水和树木是最讨城市居民喜欢的两个自然特征，要知道，在墨尔本有粉丝甚至会给树写电子邮件来传情达意。（"今天在我离开圣玛丽学院的时候，我被击中了，不是被你的枝干撂倒，而是你如光芒般四射的美丽令我倾倒，你必须时时刻刻收到这些信息，你是这样一棵有吸引力有魅力的树。"）圣玛丽学院公园的每一棵树都绑有各自专属的识别码，公园工作人员有时还会代笔回信。

我们的奥姆斯特德十分清楚这种付出。在他的公园设计原则中，任何特征都不应突出，不过于壮观或分散人们注意力，没有颜色艳丽的花坛，外显的建筑物也尽可能地少。有这样一项神奇的公式：树木不精确地定义草坪的广度。通往神秘的道路蜿蜒曲折，被树木半遮半掩，满是情致。树啊，树，还是树。这对奥姆斯特德模式至关重要，他索性为纽约中央公园的800公顷土地订购了30万余棵树，直接吓坏了预算主管。这里的树和灌木实在是太多了，卡尔弗特·沃克斯（Calvert Vaux）也不得不召集家人和朋友用"小绿点儿"来填充这幅大概创作于1858年的像素巨作。

城市树木不仅带给我们审美愉悦，还给健康带来了具体益处。虽然某些种类的树木的花粉和生成的化合物有可能导致哮喘恶化，但总体上来说，它们通常会以几种重要的方式改善人们的生理机能。在2013年一项惊人的研究结果公布之前，政府官员们或许并没有完全理解这一点。美国林务局的城市护林员杰弗里·多诺万（Geoffrey Donovan）发现了一个有趣的自然实验：2002年，有一种叫作白蜡窄吉丁的害虫入侵了美国海岸，这个令人讨厌的"嗜韧皮部狂魔"随后席卷整个美国中西部和东北地区，摧毁了1亿余棵白蜡树。多诺万决定一探究竟：树木的病害与人类心血管疾病发病率之间是否存在什么关系[208]。

多诺万还关注了欧洲的一些开创性研究，有关城市居民压力、疾病和不精确定义的"绿色空间"。此外，还有比如理查德·米切尔在苏格兰的研究发现，城市公园附近的死亡率较低。米切尔的研究对穷人的健康有很大的促进作用，而多诺万的研究表明，树木突然枯萎对较富裕的街区会产生更大的影响，可能是因为那些区域的树木损失最多。总体而言，遭受吉丁虫侵害的乡镇因心血管疾病死亡的人数增加了15000人，因下呼吸道疾病死亡的人数增加了6000人。这些数字表明预定死亡率增加了10%。死亡究竟是因为空气质量恶化，还是因为人们看不到高大且极具安抚效力的绿树而产生了压力呢？这很难说，也许两者兼而有之。如果树能够像其在诗中的意象那样强大地影响人类，就像美国的退伍老兵在萨蒙河上的感觉一样，也许看着生病的或枯死的树本身就很有压力。

　　多伦多十分重视其城内估值约70亿美元的1000万棵树。最近的一项研究表明，一个街区树木的密度越高，其居民心脏和代谢疾病的发病率就越低。从纯经济角度来看，当所生活的街区比平均水平多大约11棵树，则其居民在健康状况上的改善与平均收入增加两万美元相当[209]。所以说，拥有很多树是幸运的。

　　每棵树都有帮助。正如在自然与大脑研究领域有开创性成就的学者蕾切尔·卡普兰告诉我的那样："自然不一定要无处不在，但有一棵树一定要比没有树好得多。"不过我想，最好还是有更多树吧。华盛顿特区和非营利组织合作，为一年至少种植8600棵树而努力，他们计划在未来20年间，将街道绿化覆盖率增至40%。纽约市也极具野心，最近刚结束了种植100万棵树的活动，类似的活动也在洛杉矶、上海、丹佛和迪拜展开。

　　人们认为，树木是解决全球碳储存、热岛效应和城市空气质量等问题的关键。

　　任务艰巨，道阻且长。不过，人们已经准备好了。

后　记

不是锻炼，而是伸手可及的空气。[210]

　　　　　　　　　　　　　　　——沃尔特·惠特曼

　　如果要为本书总结出一个主题，那就是大自然的益处会随着身处自然的时间增长而发挥作用。弗吉尼亚大学亲生命城市项目（Biophilic Cities Project）的负责人蒂姆·比特利（Tim Beatley）曾提出自然需求金字塔的概念，即人类对自然的需求结构，绝妙至极。本书的结构也恰好与其一致：从身边自然的快速体验，到野外时间的效应。受随处可见的营养膳食金字塔的启发，比特利在自然需求金字塔的最底层放置的是身边日常所处的自然，即可以助人减压、恢复注意力并减轻精神疲劳的自然。其中包括住宅区附近的鸟儿、树木、喷泉、宠物、室内植物、公共或私人的采光很好的建筑、新鲜的空气、蔚蓝的天空和自然景观。这些都算我们的日常所需，而在新加坡，灯光秀和所有一切都已经搞定了。我们都应该感到幸运。

金字塔中向上一格，是每周去郊游的公园或水边；远离城市的喧嚣和繁忙，去那种我们可以用芬兰的方式每周至少一小时接触大自然的地方。如果幸运的话，可能是更广阔的城市公园，也可能是不用特别麻烦就能到达的区域性公园。

再往上一格，是要更花费精力才能到达的地方，比如每月可以去的森林，或其他可以充分休息、逃离城市的自然区。日本的李卿为我们免疫系统做的推荐是每月花一个周末的时间。

在金字塔的最高层，是罕见但必不可少的荒野。是比特利和犹他州的大卫·斯特雷耶等科学家所赞成的、我们需要每年或每两年花大量时间沉浸的自然。如我们所见，这些旅行可以调整我们生活的重心，催生我们的希望和梦想，让我们充满敬畏并增强与众生的联系，并让我们明白自己在宇宙中的位置。可能荒野体验在某些特别的时期对我们最有帮助，比如青春期的自我形成过程中、悲伤之后或受到创伤之后。

我们越能认识到这些天生的人类需求，得到的就越多。我希望看到更多基于荒野的治疗，更多孩子参加夏令营和户外旅行，去探险或者做各种不同的任务，以及更多城市人口与野外的接触机会。我们都需要定期出行、自我反省、设定目标和进行精神反思，最好能关掉手机。提炼我学到的东西后，我想出了一个超级简单的方法：经常出门，有时候去野外，带不带朋友都可以，深呼吸。

根据比特利的说法，这是有希望的。世界各地的城市都在进行大大小小的项目，将一系列自然元素融入日常生活中，从纽约高线公园①（High Line）到我们讲过的韩国清溪川的开放，都获得了巨大的益处。城市的绿化越来越好，不仅会让人们更加坚韧，还会使城市本身更加强大。城市增加绿化，可以提升处理极端湿度和温度的能力，缩短从自然灾害中恢复的时间，并为蜜蜂、蝴蝶、鸟和鱼类这些正在消失的物种提供避难所。

由于我们的大脑特别喜欢水，所以说水是重中之重是有道理的。距洛杉矶河32英里的地方正在从混凝土衬砌的眼中钉转变为生物休闲走廊。哥本哈根的港口现在有几个安全游泳区。人们在从旧金山的贝克海滩到恶魔岛的有组织的活动中游泳。华盛顿特区的阿纳科斯蒂亚河（Anacostia River）曾经是一条被遗忘的、犯罪猖獗的下水道，现在主办星期五夜钓活动，为家庭和学生提供独木舟之旅。但你可以试试这个：新西兰的惠灵顿有一条公共潜水路线。比特利说，这些地方是"敬畏之城"的典范。但是，无论"蓝色空间"是令人敬畏的，还是仅是恢复性的，让每个人都能接触到它仍然是一个挑战。

我们还有很长的路要走。太空中都可以看到贫穷。我自己所在的城市——华盛顿特区，在《华盛顿邮报》分析的卫星图上显示了一条清晰可见的"树线"，线的西边，西北富裕人群居住的地方，是郁郁葱葱有层次的绿色，而东边，有40%的人居住的低收入街区，就是平的、灰的。这种情况并不罕见，这种

---

① 高线公园：约2.4公里长的空中公园，改造自曼哈顿西边废弃的纽约中央铁路。——译者注

不平衡是人类城市化进程中面临的基本难题。

　　纵观历史，奥姆斯特德明白，从古波斯人到英国绅士，富人们总有机会享受宁静的林间空地或牧场，因为修剪整齐的狩猎场首先启发了公园的设计。奥姆斯特德希望从根本上打破这种模式。他不仅希望人们在公园里能够恢复健康，还希望所有人都拥有这样的机会。19世纪70年代，他还身体力行，在公寓里张贴通知，向纽约市所有医生发送函件，指明去中央公园和展望公园的方向[211]，其中就包括了对帮助康复的自然目的地的描述。

　　那为什么医生不能直接开处方让人去户外呢？

　　奥姆斯特德的想法过了将近150年才获得一些影响力。没有多少医生会让城里的病人去公园，但也还是存在一些。诺辛·拉扎尼（Nooshin Razani）是加利福尼亚州奥克兰儿童医院的儿科医生，她与当地公园建立了合作关系，市中心的孩子们因此可以更容易、更频繁地获得自然资源。与拉扎尼一样，华盛顿特区联合社区医疗中心的儿科医生罗伯特·扎尔（Robert Zarr）认为，传统疗法并不适合他的贫困患者。许多病人都患有肥胖症、糖尿病、抑郁症、焦虑症和哮喘。

　　"这是一个明智的选择，"他说，"公园是免费的，是一种没有人用过的好资源。我们只须将其与人们联系起来。"

　　然而医疗保健也只算解决办法中的一部分。理想情况下，对自然的倡议活动还需要从学校、教堂、职场、社区组织和整个城市中生根发芽。而且，除非我们能更有意识地承认自己对

自然的需要，否则这一切都不会发生。整理这本书的过程让我
知道，人们严重低估了这种需求，从减少孩子们休息和户外游
戏的时间，到设计建筑物和街道时不考虑光线、空间和新鲜空
气的问题，再到自己想要留在室内而不出门的意愿，都是很好
的例子。人越富有，就越有可能满足自己的自然神经元，但那
通常都是一种潜意识的满足，通过专属的住宅区或足够让人恢
复的假期来实现。只有我们都充分认识到对自然的需求正在
驱动我们的一些行为，才能不费劲地让每个人都可以享受到
自然资源。

　　无论是通过有趣、创新的团体，比如非裔户外①（Outdoor
Afro）、女孩远足（GirlTrek）、城市儿童（CityKids）、自然桥
（Nature Bridge）、儿童与自然网络（Children & Nature Network），
还是其他各种组织，我都在为美国各地社区正在兴起的各种小
活动感到鼓舞，冒险游乐场、泥泞的水坑和随便建造的堡垒正
在得克萨斯的休斯敦，纽约的长岛、总督岛等地涌现。所谓的
"战略城市规划者"正在城市街道上进行 Pop-Up Parks②活动和
Guerrilla Gardening③。越来越多的组织、公共机构和部门正在努

---

① 非裔户外：该组织的宗旨是在自然中增进非裔美国人的彼此联系和领导
力。——译者注

② Pop-Up Parks：字面意思是"突然出现的公园"，是一项支持、分享并执
行相关项目的全球运动，邀请人们在城市环境中做更具有娱乐性和创造性的活
动。——译者注

③ Guerrilla Gardening：字面意思是"游击园艺"，是指在公共空间或者没有
人打理的场所进行园艺种植。——译者注

力让包括我在内的人们接触到在城市栖息地内仍然可见的自然薄带。仅仅从人们手中拯救自然已经远远不够了，现在有很多团体要"为了"人们拯救自然了。以保护重要的生态系统和栖息地著称的大自然保护协会创建了一个新的人类维度计划（HDP），这是一项将人类福祉纳入保护实践的计划。美国国家公园管理局则推出了重要的"健康公园，健康人类"的倡议，专门针对公园的健康（这样，公园的资源终于可以被利用了）和人们的健康，使公园对不同人群更具吸引力。"过去，我们倾向于鼓励游客来到公园，享受乐趣，学到知识并保持安全，"该部门公共卫生办公室主任戴安娜·艾伦（Diana Allen）告诉我，"现在我们说的则是，来玩得开心，保持健康。这种转变很有意义。"

如果我们重视公园对社区健康的重要性，那么我们就需要对其进行衡量。非营利组织"公共用地基金会"（Trust for Public Land）最近编制了一份有用的公园分数的指标（ParkScore），根据居住在离公园10分钟步行路程内的居民比例，对美国各大城市进行排名。明尼苏达州的明尼阿波利斯以86.5%的比例排名第一（难怪那里的人们都很开心！）。我很惊讶地看到华盛顿特区达到80%，排名第三，因其包括了国家广场（National Mall）及类似的公共草坪。

我承认，我仍然不习惯自己搬到了华盛顿特区，但我的心情和习惯正在变得更好。自从开始写这本书以来，我改变了散步的方式，寻找了有更多树木的路线。我经常去公园，经常会在里面走走。我会让孩子跟我一起。我们努力去听鸟儿的叫声，观察自然界中的分形图案，观察小溪的流动。我依旧讨厌头顶上的飞机，但我也喜欢坐上飞机去更原始的自然。

今年冬天的一场暴风雪，让空中和路面交通都停了几天。鹿又重新回到了街上，在雪地里穿过城市。人们在街上嬉闹，沿着林荫大道滑雪、倒立，在铲雪机到来的间隙徘徊。太阳出来时，我和丈夫穿上了旧的滑雪靴，奔到了运河边上，我们是那里仅有的人。

"太安静了！"我说。

"就和在黄石公园一样！"他说。

我们听到了一些山雀和雪松太平鸟的声音。

回家的路上，我们遇到了一位在看年轻人铲雪的意大利老妇人。她说："简直太美了！"我说："没有飞机！"她带着惊喜的表情，笑着回答："棒极了！没有飞机！"

之后，我们向房子滑去，我为一个快要清理完没过汽车的积雪的人欢呼。我们还遇到了一些两年没见的邻居，发现其中一人正在接受癌症治疗，我们谈了半个小时。又遇到了一群朝气蓬勃的男孩，就雇了他们帮我们铲车道的积雪。铲完后，我和丈夫邀请他们和隔壁的邻居一起来家里观看野马队的比赛，邻居还带了小吃。"这里又有社区的感觉了。"邻居说。

城市依旧如故，只是多了几分自然的意境，哪怕转瞬即逝。大自然展现了自己的风采，城市在注视和玩耍。

致　谢

感谢《户外》杂志编辑伊丽莎白·海托华（Elizabeth Hightower）、迈克尔·罗伯茨（Michael Roberts）和克里斯·凯斯（Chris Keyes）在一开始交给我如此"绿意葱葱"的差事。感谢《国家地理》杂志编辑罗布·昆齐（Rob Kunzig）助我圆满完成旅行。感激本书插图的摄影家卢卡斯·福利亚（Lucas Foglia）不断启发和鼓励着我。

为了证明观察和思考大自然会让人慷慨，很多研究人员都带我参观了他们的实验室，分享了想法与观点，指引我考察研究基地，并耐心地回应我无休止的问题，有时使用的语言还不是他们的母语。我需要在此罗列几位奉献了宝贵时间并给予专业上的指导和帮助的研究者，并致以诚挚的感谢：李珠永、大卫·斯特雷耶（David Strayer）、亚当·格萨里（Adam Gazzaley）、阿特·克雷默（Art Kramer）、莉萨·泰恩（Liisa Tyrvainen）、卡莱维·科尔佩拉（Kalevi Korpela）、德尔彻·瓦尔恰诺夫（Deltcho Valtchanov）、珍妮·罗（Jenny Roe）、乔治·米切尔（George Mitchell）、乌尔丽卡·斯蒂格斯多特

（Ulrika Stigsdotter）、帕特里克·格兰（Patrik Grahn）、玛蒂尔达·范登博施（Matilda Van Den Bosch）、格雷格·布拉特曼（Greg Bratman）、马克·柏曼（Marc Berman）、德里克·塔夫（Derrick Taff）和他的团队，以及谭乐[1]。特别感谢我的韩语翻译申晨星[2]。我期待并关注他们后续的工作进展。

本书的完成离不开个人及组织机构至关重要的支持和帮助，感谢弗吉尼亚·乔丹（Virginia Jordan）、比尔和伊莱恩·弗伦奇（Bill and Elaine French）的协助。感谢人类与自然中心（Center for Humans and Nature）的布鲁克·赫克特（Brooke Hecht）、柯特·迈因（Curt Meine）和加文·范霍恩（Gavin Van Horn）给予的指点与资助。感谢梅利莎·佩里（Melissa Perry）以及乔治·华盛顿大学环境与职业健康学院帮助我的教授讲师，提供了免费而广泛的文献查阅途径。

朝九晚五的日常办公是不足以完成一本书的写作的。我屡屡因为高强度的压力而想要逃避，是他们陪伴我左右，一直帮助我、激励我。感谢能与萨拉·张（Sarah Chang）和查希尔·贾穆罕默德（Zahir Janmohammed）在雷斯岬（Point Reyes）的梅沙小窝[3]（Mesa Refuge）借宿两周，并有幸享用源源不断的韩式烤肉。感谢彼得·巴恩斯（Peter Barnes）、苏珊·佩奇·蒂利特（Susan Page Tillett）和帕特里夏·邓肯（Patricia

---

① Tan Le，音译。——译者注

② Sepial Shim，심셋별。——译者注

③ 梅沙小窝：位于雷斯岬的为作家、记者和其他创意作者提供住处的社区，位于旧金山北方，约一小时车程。——译者注

Duncan）提供了如此神奇的地方。感谢弗吉尼亚创意艺术中心（Virginia Center for the Creative Arts）充满善意的人们。感谢我的兄嫂杰米和温迪·弗里亚尔（Jamie and Wendy Friar）腾出地下室数日供我写作使用。感谢伴我在索诺拉沙漠（Sonoran Desert）里、在鸡肉玉米卷和写作的泉涌才思中寻找并享受快乐的米歇尔·奈豪斯（Michelle Nijhuis）。感谢玛格利特·诺曼塔那（Margaret Nomentana）让我能在缅因州的一个湖畔品尝美味龙虾，并帮我看孩子。同时，能让我暂时卸下母亲繁重之责的，还有世界上最伟大的婆婆——彭妮·威廉姆斯（Penny Williams）以及蕾切尔·巴拉诺夫斯基（Rachel Baranowski）和艾莉森·弗里施（Allison Frisch）。感谢凯特·谢里登（Kate Sheridan）和丹妮尔·罗思（Danielle Roth）为本书所涉研究和数据进行真实性校对。

我还要向华盛顿特区的笔友和伙伴们致以感谢——乔希·霍维茨（Josh Horwitz）、朱丽叶·艾尔珀林（Juliet Eilperin）、大卫·格林斯彭（David Grinspoon）、埃里克·韦纳（Eric Weiner）、蒂姆·齐默尔曼（Tim Zimmermann）、雅姬·莱登（Jacki Lyden）、马尔腾·特罗斯特（Maarten Troost）、玛格丽特·塔尔博特（Margaret Talbot）、亚历克斯·泽普鲁德（Alex Zapruder）和汉娜·罗辛（Hanna Rosin），你们的机敏和智慧启发着我，让我更适应搬到这里的生活。也感谢我在博尔德的老笔友还持续着对我源源不断的支持，阅读了我大量手稿，逗我开心，并给我讲了很多我离开后这座风情小镇发生的故事。感谢汉娜·诺德豪斯（Hannah Nordhaus）、希拉里·罗斯纳（Hillary Rosner）和梅兰妮·沃纳（Melanie Warner），尤其是我有才的嫂子莉萨·琼斯（Lisa Jones），陪伴我经历了数次探险。同样感谢特区的伊丽莎·麦格劳（Eliza McGraw）、金·拉森（Kim Larson）、唐娜·奥策尔（Donna Oetzel）、玛格丽特·雷塔诺（Margaret Reitano）、梅利莎·博斯伯格（Melissa Boasberg）、威尔和埃丽卡·沙弗罗思（Will and Erica Shafroth）、柯克·约翰逊（Kirk Johnson）和蔡斯·德福雷斯特（Chase DeForest），同时感谢朱莉·弗雷德（Julie Frieder）和安·维雷希斯（Ann Vileisis）这些常常给我帮助的远朋们，他们会作为我的后盾，甚至还会与我一起深入大自然。

我从弗洛拉·里奇曼（Flora Lichtman）做的电脑图形中获得了很多灵感。我也许并不是一个热衷虚拟世界的人，但我着实幸运，能够拥有一群优秀的作家网友：克里斯蒂·阿什万登（Christie Aschwanden）、布鲁斯·巴科特（Bruce Barcott）、玛琳·麦克纳（Maryn McKenna）、塞思·姆努金（Seth Mnookin）、大卫·多布斯（David Dobbs）、德博拉·布卢姆（Deborah Blum）、伊丽莎白·罗伊特（Elizabeth Royte）和卡伦·科茨（Karen Coates），他们能想我所想，感我所感，他们的智慧令我折服。生命中能有你们，我已知足。

还有很多读了全篇或部分章节的朋友，提了很多中肯的意见。感谢绝顶聪明的阿曼达·利特尔（Amanda Little）和杰伊·海因里希斯（Jay Heinrichs）给我的深刻反馈和偶尔的鼓舞。感谢我热爱自然和地球的图书代理人莫莉·弗里德里克（Molly Friedrich）和 W. W. 诺顿出版社（W. W. Norton）优秀的团队，尤其是吉尔·贝亚罗斯基（Jill Bialosky）、玛丽亚·罗杰斯（Maria Rogers）、埃琳·辛尼斯基·洛维特（Erin Sinesky Lovett）和史蒂夫·科尔卡（Steve Colca）以及史诗级编辑——弗雷德·维默尔（Fred Wiemer）。

这个自然的世界如果没有我的爱好和可爱的家庭，将毫无乐趣，它们都可延续、有过重组、曾经破碎、与我联结。这是一本献给你们，也是关于你们的书：约翰·威廉姆斯、杰米·威廉姆斯（Jamie Williams）、本·威廉姆斯（Ben Williams）和安娜贝尔·威廉姆斯（Annabel Williams）。没有分享的自然就不是自然。

注　释

前　言

1. 题目"亲切的空气"源自拉尔夫·沃尔多·爱默生（Ralph Waldo Emerson）初版于1836年的作品《论自然》（*Nature*），原文大意：人健康时，空气也会异常热忱友好。

2. 题记引自爱德华·艾比的小说《大漠孤行》（*Desert Solitaire: A Season in the Wilderness* [Tucson: University of Arizona Press, 1988]）的前言部分。

3. 关于麦克伦，有研究引用道：值得一提的是，麦克伦控制了很多变量，比如天气、陪伴等。他还可以只观察大多数人都不工作的周末和国家法定假日来考量假期的效应。换句话说，人们在自然中体验的快乐不只是因为他们没有上班。每个人都不工作，所以竞争环境更加公平了。每个人都下班了，所以操场上的人变多了。参见 George Mackerron and Susana Mourato, "Happiness Is Greater in Natural Environments," *Global Environmental Change*, vol. 23, no. 5 (Oct. 2013): p. 992。

4. 尼斯比特沮丧地得出结论，"错误地低估周围自然的情感性影响阻碍了通往可持续发展的快乐道路"：Elizabeth K. Nisbet and John M. Zelenski, "Underestimating Nearby Nature Affective Forecasting Errors Obscure the Happy Path to Sustainability," *Psychological Science*, vol. 22, no. 9 (2011): pp. 1101–6.

5. "每周看1500次手机"基于英国一家营销公司Tecmark的调查研究，详见 http://www.dailymail.co.uk/sciencetech/article-2783677/How-YOU-look-phone-The-average-user-picks-device-1-500timesday.html。作者于2015年5月26日获

取相关信息。

6. "苹果手机用户VS安卓手机用户"（iPhone users vs. Android users）基于益博睿（Experian）的市场调查研究，详见http://www.experian.com/blogs/marketing-forward/2013/05/28/americans-spend-58-minutes-a-day-on-their-smartphones/。作者于2015年5月27日获取相关信息。

7. 关于孩子们很少待在户外的问题：仅10%的受访者表示每天会有户外活动。详见大自然保护协会（The Nature Conservancy）的民调结果：http://www.nature.org/newsfeatures/kids-in-nature/kids-in-nature-poll.xml.

8. "疲惫、精神紧张、过于文明的人"：参见John Muir, *Our National Parks* (New York: Houghton, Mifflin, 1901), p. 1。

9. "邪恶的小满足"：参见Mose Velsor (Walt Whitman), "Manly Health and Training, with Off-Hand Hints Toward Their Conditions," ed. Zachary Turpin, *Walt Whitman Quarterly Review* 33 (2016): p. 289。

10. 华兹华斯的诗句参见《序曲》（*The Prelude*），1805年版。（然经译者考证，该段应为华兹华斯《丁登寺旁》的诗句。）

11. "贝多芬的树"这段引言来自1808年贝多芬写给特蕾塞·玛尔法蒂（Therese Malfatti）的信，摘引自埃里克·韦纳的《天才地理学》（*The Geography of Genius*），详见Eric Wiener, The Geography of Genius (New York: Simon & Schuster, 2016), p. 235。

12. 更多关于人类选择生存环境的"瞭望–庇护理论"参见Jay Appleton, *The Experience of Landscape* (London: John Wiley, 1975) and Gordon Orians, *Snakes, Sunrises and Shakespeare* (Chicago: University of Chicago Press, 2014)。

13. "我们渐渐变得更加易怒，不爱社交，更加自恋"：参见Clifford Nass, including Roy Pea et al., "Media Use, Face-to-face Communication, Media Multitasking, and Social Well-Being Among 8-to-12- Year-Old Girls," *Developmental Psychology*, vol. 48, no. 2 (2012): p. 327 ff. 关于自然缺失症，参见Richard Louv, *Last Child in the Woods*（New York: Workman Publishing, 2005）。

14. 关于格济公园事件详见Sebnem Arsu and Ceylan Yeginsu, "Turkish

Leader Offers Referendum on Park at Center of Protests," *New York Times*, June 13, 2013. http://www.nytimes.com/2013/06/13/world/europe/taksim-square-protestsistanbul-turkey.html?_r=0 。作者于2015年7月27日获取相关信息。

15.　奥姆斯特德的引言参见 *Witold Rybczynski, A Clearing in the Distance: Frederick Law Olmsted and the Nineteenth Century*，Kindle定位数4406。

1　亲生命效应

本章部分片段首次出现于本书作者弗洛伦丝·威廉姆斯刊登在《户外》杂志2012年11月刊的文章《松林两小时，唤醒我于晨》(Take Two Hours of Pine Forest and Call Me in the Morning)，网页电子版发布于2012年11月28日。

16.　题记中"总而言之，人类大脑是在自然环境下进化而来的"引自 Edward O. Wilson, *The Biophilia Hypothesis* (Washington, D. C. : Island Press, 1993), p. 32。

17.　题记中松尾芭蕉的名句"所见之处，无不是花。所思之处，无不是月"摘引自Margaret D. McGee, *Haiku—The Sacred Art: A Spiritual Practice in Three Lines* (Woodstock, VT: Sky Paths Publishing, 2009), p. 32。

18.　"秩父多摩甲斐国立公园是日本最大的巨木聚集地"参见 *Designing Our Future: Local Perspectives on Bioproduction, Ecosystems and Humanity*,ed. Mitsuru Osaki: Okutama Town designated in 2008, pp. 409–10。

19.　"日本的森林覆盖率为68%"：参见 Qing Li. "Effect of Forest Bathing Trips on Human Immune Function," *Environmental Health and Preventive Medicine*, vol. 15, no. 1 (2010): pp. 9–17。

20.　"在10年中指定100个森林疗养试验基地"参见 Yoshifumi Miyazaki, "Science of Nature Therapy," p. 8, http://www.fc.chiba-u.jp/research/miyazaki/assets/images/natural%20therapy(07.06)_e.pdf。作者于2015年6月获取相关信息。

21.　更多关于"日本自杀率"的信息，参见 *Japan Today*, Jan. 18, 2011。

22.　关于"通勤地狱"，参见 Eric Goldschein, "Take a Look at Why the Tokyo Metro Is Known as 'Commuter Hell,'" *Business Insider*, Jan. 11, 2012，以及

Ronald E. Yates, "Tokyoites Rush to 'Commuting Hell'" *Chicago Tribune*, Oct. 28, 1990。

23.　这段1973年的描述来自埃里克·弗罗姆的著作 *The Anatomy of Human Destructiveness* (New York: Holt, Rinehart & Winston, 1973), p. 366。摘引自 Stephen R. Kellert, *Kinship to Mastery: Biophilia in Human Evolution and Development* (Washington, D.C.: Island Press, 1997)。

24.　关于"威尔逊将其观点提炼为居于自然",参见 Stephen R. Kellert and Edward O. Wilson. *The Biophilia Hypothesis* (Washington, D.C.: Island Press, 1995), p. 416。

25.　关于宫崎良文的解释,详见 Yoshifumi Miyazaki, "Science of Nature Therapy" (above) 及 Juyoung Lee et al., "Nature Therapy and Preventive Medicine," in *Public Health—Social and Behavioral Health*, ed. Jay Maddock (Rijeka, Croatia: InTech, 2012),以及 Miyazaki et al. "Preventive Medical Effectso f Nature Therapy," *Nihon eiseigaku zasshi/Japanese Journal of Hygiene*, vol. 66, no. 4 (2011): pp. 651–56。

26.　更多关于20世纪30年代人更容易患病的研究,详见 Sandor Szabo, Yvette Tache, and Arpad Somogyi, "The Legacy of Hans Selye and the Origins of Stress Research: A Retrospective 75 Years After His Landmark Brief 'Letter' to the Editor of Nature," *Stress*, vol. 15, no. 5 (2012): pp. 472–78。

27.　关于"心脏病、新陈代谢有关的疾病、痴呆和抑郁症"等,详见 Esther M. Friedman et al., "Social Strain and Cortisol Regulation in Midlife in the US," *Social Science & Medicine*, vol. 74, no. 4 (2012): pp. 607–15。

28.　更多关于"观看自然景象和城市景象"的实验,详见 Roger S. Ulrich et al., "Stress Recovery During Exposure to Natural and Urban Environments," *Journal of Environmental Psychology*, vol. 11: 201–30。

29.　更多关于李卿对自然杀伤细胞的发现,详见 Qing Li et al., "Effect of Phytoncide from Trees on Human Natural Killer Cell Function." *International Journal of Immunopathology and Pharmacology*, vol. 22, no. 4 (2009): pp. 951–59。

2　寻找发臭紫云英，需要几个神经学家？

30.　题记为门廊之火乐团2010年发行的专辑 *The Suburbs* 中的歌曲"We Used to Wait"的歌词。

31.　关于"创造力提高了50%"的研究，详见 The four-day wilderness pilot study is R. A. Atchley et al., "Creativity in the Wild: Improving Creative Reasoning Through Immersion in Natural Settings," *PLoS ONE*, vol. 7, no. 12 (2012), published online, e51474。

32.　关于"注意力的概念无须赘述，是心灵的集中……"的内容，详见 William James, *The Principles of Psychology* (Chicago: Henry Holt/ Encyclopedia Britannica, 1991), p. 261。

33.　"我的经验是，我同意加以注意的东西"引自James, p. 260。

34.　"进入了一种最特别的精神警觉状态"引自James p. vi中自传性的标注。

35.　"我不在办公室，偶尔……"摘自"Shit Academics Say"2015年5月13日的推特简讯，详见https://twitter.com/AcademicsSay。

36.　关于人类大脑的处理速度，参见 Daniel Levitin, *The Organized Mind: Thinking Straight in the Age of Information Overload* (New York: Dutton, 2014), p. 7。

37.　关于"美国人平均面对的事情是采猎者平均水平的几千倍"，详见 Levitin, p. 12。

38.　更多关于奥姆斯特德"自然对思想的影响"详见其1865年提交加利福尼亚州议会的报告，收录于 Roger S. Ulrich et al., "Stress Recovery During Exposure to Natural and Urban Environments," *Journal of Environmental Psychology*, vol.11, no. 3 (1991): p. 206。

39.　关于"至少部分'恢复'"的叙述详见卡普兰与伯曼的认知研究：Berman et al., "The Cognitive Benefits of Interacting with Nature," *Psychological Science*, vol. 19, no. 12 (2008): pp. 1207–12。

40.　更多关于显示"脑岛和前扣带回的活动增加"的核磁共振研究，参见

Tae-Hoon Kim et al., "Human Brain Activation in Response to Visual Stimulation with Rural and Urban Scenery Pictures: A Functional Magnetic Resonance Imaging Study," *Science of the Total Environment*, vol. 408, no. 12 (2010): pp. 2600–2607。

3 生之味

本章部分内容首次出现于本书作者弗洛伦丝·威廉姆斯刊登在《国家地理》2016年1月刊上的文章《这是你思考自然的大脑》(This Is Your Brain on Nature)。

41. 题记引自 Euny Hong，*The Birth of Korean Cool: How One Nation Is Conquering the World Through Pop Culture* (New York: Picador, 2014): p. 61。

42. 关于韩国曾经低水平的GDP，参见 Hong, p. 2。

43. "三分之一的韩国人都无家可归"：参见 Daniel Tudor, *Korea: The Impossible Country* (North Clarendon, VT: Tuttle Publishing, 2013)，Kindle 定位数171。

44. 史蒂文森有关空气质量的话，引自 *Essays of Travel* (London: Chatto & Windus, 1905), p.170, http://www.archive.org/stream/e00ssaysoftravelstevrich#page/n7/mode/2up，作者于2015年6月17日获取相关信息。

45. 劳伦斯有关松树的香气的话，引自 "Pan in America"，摘录自 Tianying Zang, *D.H. Lawrence's Philosophy of Nature: An Eastern View* (Bloomington, IN: Trafford Publishing, 2011), p. 7。

46. 关于桧烯对于治疗哮喘的效用，参见 "The Forest and Human Health Issues in Korean Forest Policy and Research," topic paper, Korea Forest Research Institute, Oct. 27,2014。

47. 关于"韩国摆脱了贫困"的描述，是基于世界银行最新的排名，参见 http://databank.worldbank.org/data/download/GDP.pdf，作者于2015年6月获取相关信息。

48. "98%的韩国人完成了高等教育"：参见 Tudor，Kindle 定位数 1954。

49. "韩国是一个……的国家"：参见 Tudor，Kindle 定位数 1939。

50. 关于"山神"，参见 Hong，Kindle 定位数 740，757。

51. 关于"树木……人类和村庄的守护神"，参见 Tudor，Kindle 定位数 498。

52. "身土不二"：参见 Hong，Kindle 定位数 726。

53. "人类的鼻子可以嗅出 1 万亿种味道"：参见 Caroline Bushdid et al., "Humans Can Discriminate More Than 1 Trillion Olfactory Stimuli," *Science*, vol. 343, no. 6177 (2014): pp. 1370–72。

54. 关于"闻过跳伞后男性的内衣的人表现出压力激素的提升"的研究，详见 Lilianne R. Mujica-Parodi et al., "Chemosensory Cues to Conspecific Emotional Stress Activate Amygdala in Humans," *PLoS ONE*, vol. 4, no. 7 (2008), published online, e6495。

55. 同瑞典古遗传学家斯万特·帕博关于人类嗅觉的访谈，可参见冷泉港实验室的 DNA 学习中心（Cold Spring Harbor Laboratory's DNA Learning Center）网页 http://www.dnalc.org/view/15149-Human-smell-receptors-Svante-Paabo.html，作者于 2014 年 11 月获取相关信息。

56. 关于更多人类的驯化，参见 Razib Khan, "Our Cats, Ourselves," *New York Times*, Nov. 24, 2014，作者于 2014 年 11 月获取相关信息。

57. "每年都会造成全世界 210 万人过早死亡"：参见 Tami C. Bond et al., "Bounding the Role of Black Carbon in the Climate System: A Scientific Assessment," *Journal of Geophysical Research: Atmospheres,* vol. 118, no. 11 (2013): pp. 5380–552。

58. 关于"雾霾笼罩的墨西哥城"的研究，详见 Calderón-Garcidueñas et al., "Air Pollution, Cognitive Deficits and Brain Abnormalities: A Pilot Study with Children and Dogs," *Brain and Cognition*, vol. 68, no. 2 (2008): pp. 117–27。

59. 关于"美国 19% 的人都居住在车流量大的马路旁"，参见 Gregory M. Rowangould, "A Census of the U.S. Near-Roadway Population: Public Health and Environmental Justice Considerations," *Transportation Research Part D: Transport and Environment*, vol.25 (2013): pp. 59–67。该研究也提到，在美国

全国范围内，车流量和交通密度越高，非白人居民的比例就越大，家庭平均收入也越低。此外，居住在车流量大的道路旁的乡镇居民，其所在区域通常没有空气质量检测。

60. 更多关于"克利奥帕特拉七世用玫瑰花瓣色诱安东尼"的内容，详见 Diane Ackerman, *A Natural History of the Senses* (New York: Vintage Books, 1995), p. 36。

61. 更多关于"好闻的味道会刺激'趋向行为'"的研究，详见 Paula Fitzgerald Bone and Pam Scholder Ellen, "Scents in the Marketplace: Explaining a Fraction of Olfaction," *Journal of Retailing*, vol. 75, no. 2 (1999): pp. 243–262。

62. 更多关于店铺气味的研究，详见 Rob W. Holland, Merel Hendriks, and Henk Aarts, "Smells Like Clean Spirit: Nonconscious Effects of Scent on Cognition and Behavior," *Psychological Science,* vol. 16, no. 9 (2005): pp. 689–93。

63. 更多关于"人类对刺激性气味大的房间的行为倾向性"的研究，详见 Katie Liljenquist, Chen-Bo Zhong, and Adam D. Galinsky, "The Smell of Virtue: Clean Scents Promote Reciprocity and Charity," *Psychological Science*, vol. 21, no. 3 (2010): pp. 381–83。

64. 更多关于"赤松素和柏树中的萜类物质的镇静作用"的研究，详见 Mi-Jin Park, "Inhibitory Effect of the Essential Oil from Chamaecyparis obtuse on the Growth of Food-Borne Pathogens," *Journal of Microbiology*, vol. 48, no. 4. (2010): pp. 496–501。

65. 关于"香薰疗法是现在缓解焦虑最流行的替代性方法"，参见 Yuk-Lan Lee et al., "A Systematic Review of the Anxiolytic Effects of Aromatherapy in People with Anxiety Symptoms," *Journal of Alternative and Complementary Medicine,*vol. 17, no. 2 (2011): p. 106。

66. 关于对香薰疗法的"一种合适和安全的干预措施"的描述，参见 Lee, p. 107。

67. 更多关于"使用'香品'焦虑显著减轻"的研究，详见 Jacqui Stringer and Graeme Donald, "Aromasticks in Cancer Care: An Innovation Not to Be Sniffed At," *Complementary Therapies in Clinical Practice*, vol. 17, no. 2 (2011): pp. 116–21。

68.　更多关于"类似薰衣草和迷迭香的香味可以降低皮质醇水平和流向心脏的血流速度"的研究，详见 Toshiko Atsumi and Keiichi Tonosaki, "Smelling Lavender and Rosemary Increases Free Radical Scavenging Activity and Decreases Cortisol Level in Saliva," *Psychiatry Research* ,vol. 150, no. 1 (2007): pp. 89–96。也参见 Yumi Shiina et al., "Relaxation Effects of Lavender Aromatherapy Improve Coronary Flow Velocity Reserve in Healthy Men Evaluated by Transthoracic Doppler Echocardiography." *International Journal of Cardiology*, vol. 129, no. 2 (2008): pp. 193–97。

69.　更多关于对 400 名伦敦人的调查研究，详见 George MacKerron and Susana Mourato, "Life Satisfaction and Air Quality in London," *Ecological Economics*, vol. 68, no. 5 (2009): pp. 1441–53。

4　鸟之脑

70.　题记引自海明威给一位青年作家的劝诫信，摘自 Malcolm Cowley, "Mister Papa," Life, Jan. 10, 1949, p. 90。

71.　引自美国国家公园管理局的高级研究员库尔特·弗里斯楚普（Kurt Firstrup）在 2015 年 2 月 12 日于加利福尼亚州圣何塞举行的美国科学促进会（American Association for the Advancement of Science，AAAS）上的讲话。

72.　更多关于美国道路交通流量的内容，详见 Jesse R. Barber et al., "Conserving the Wild Life Therein: Protecting Park Fauna from Anthropogenic Noise," *Park Science*, vol. 26, no. 3 (Winter 2009–10), p. 26。

73.　关于客运航班的数量及其他相关数据，来源于美国交通局统计网（Bureau of Transportation's Tran-Stats），参见 http://www.transtats.bts.gov/Data_Elements.aspx?Data=1，作者于 2015 年 6 月获取相关信息。

74.　"每天有 3 万架商用飞机运营"的数据，来源于美国国家海洋和大气管理局（National Oceanic and Atmospheric Administration, NOAA），参见 http://sos.noaa.gov/Datasets/dataset.php?id=44，作者于 2016 年 6 月 16 日获取相关信息。

75. "航空运输量在未来20年会增加90%"：参见美国联邦航空管理局（FAA）发布的年度工作文件《2012—2032财年航宇预测报告》，摘自Gregory Karp, "Air Travel to Nearly Double in Next 20 Years, FAA Says," *Chicago Tribune*, March 8, 2012，作者于2015年2月获取相关信息。

76. 关于"人类活动会使背景噪声水平提高30分贝"，参见美国国家公园管理局的图表 http://media.thenewstribune.com/smedia/2014/05/17/16/18/1nMD0K.HiRe.5.jpg，作者于2015年2月获取相关信息。

77. 关于所住片区"噪声为55到60分贝"，参见 the D.C. Palisades, from the 2013 Annual Aircraft Noise Report of the Metropolitan Washington Airports Authority, http://www.mwaa.com/file/2013_noise_report_final2.pdf，作者于2015年2月获取相关信息。

78. 关于托马斯·卡莱尔建造阁楼隔音室，而因为空间狭小，在点烟后差点昏死过去的故事，参见 Don Campbell and Alex Doman,*Healing at the Speed of Sound: How What We Hear Transforms Our Brains and Our Lives* (New York: Hudson Street Press, 2011)，Kindle 定位数 566。

79. 更多关于该项持续三周的研究，参见 Barbara Griefahn et al., "Autonomic Arousals Related to Traffic Noise During Sleep," *Sleep*, vol. 31, no. 4 (2008): p. 569。

80. 关于"动物中一些物种在进化过程中……不是稀罕事"，参见 Barber, p. 26。

81. 关于"飞机声响会让被捕食动物的警觉距离缩减45%"，参见 Barber, p. 26。

82. 关于"雌性灰树蛙要花费更长的时间才能找到求偶的雄性"，参见 Barber, p. 29。

83. 关于声音如何在大脑中传导，参见 Daniel Levitin, *This Is Your Brain on Music* (New York: Penguin Group, 2006), pp. 105–6。

84. 关于这个经典哲学问题，参见 Levitin, p. 29。

85. 更多关于伯克利的问题以及声音的范畴和限定，详见 Levitin,p. 24。

86. 更多关于噪声与高血压的相关研究的描述，详见 Martin Kaltenbach,

Christian Maschke, and Rainer Klinke. "Health Consequences of Aircraft Noise." *Dtsch Arztebl Int*, vol. 105, no. 31–32 (2008): pp. 548–56。

87.　关于产生收缩压上升现象的慕尼黑机场研究，详见 Gary Evans et al., "Chronic Noise Exposure and Physiological Response: A Prospective Study of Children Living Under Environmental Stress," *Psychological Science*, vol. 9, no. 1 (1998): pp. 75–77。

88.　更多关于该项综述性研究的描述，详见 Kaltenbach et al., 2008。

89.　关于"世界首个反对噪声的烈士"，参见 Campbell and Doman, *Healing at the Speed of Sound*，Kindle 定位数2466。

90.　关于机动车声音对公园景观评价的影响，参见 David Weinzimmer et al., "Human Responses to Simulated Noise in National Parks," *Leisure Sciences: An Interdisciplinary Journal*, vol. 36, issue 3 (2014): pp. 251–67。

91.　关于鸟鸣对城市评价的积极影响，参见 Marcus Hedblom et al., "Bird Song Diversity Influences Young People's Appreciation of Urban Landscapes," *Urban Forestry & Urban Greening*, vol. 13, no. 3 (2014): pp. 469–474。另有一项人们信以为真的有趣研究认为，公园游览者若听到他人的讲话声会对公园产生负面印象。参见 Jacob A. Benfield et al., "Does Anthropogenic Noise in National Parks Impair Memory?" *Environment and Behavior*, vol. 42, no. 5 (2010): pp. 693–706。

92.　约翰·拉斯金的话引自其1862年出版的著作《给未来者言》(*Unto This Last*)，收录于 Jonathan Bate, *Romantic Ecology: Wordsworth and the Ecological Tradition* (London: Rutledge, 1991), preface。

93.　关于达尔文描写鸟叫的篇幅页数，参见 Gordon H. Orians, *Snakes, Sunrises, and Shakespeare: How Evolution Shapes Our Loves and Fears* (Chicago: University of Chicago Press, 2014)，Kindle 定位数 1877。

94.　关于"英国石油公司的加油站在厕所里播放鸟叫声"，参见 Denise Winterman, "The Surprising Uses for Birdsong," *BBC Magazine*, May 8, 2013. http://www.bbc.com/news/magazine-22298779，作者于2015年2月获取相关信息。

95.　关于鸟鸣和人造音乐的相似性，参见一些人们信以为真的描述褐嘲鸫和其他鸟类的记录，http://www.pbs.org/lifeofbirds/songs/，作者于2015年2月获取相关信息。

96.　更多关于鸟类脑部结构和人类基底神经节的对比，详见Johan J. Bolhuis et al., "Twitter Evolution: Converging Mechanisms in Birdsong and Human Speech," *Nature Reviews Neuroscience*, vol. 11, no. 11 (2010): pp. 747–59。

97.　更多关于人类与鸟类在基因表达和脑部结构上的共同进化以及惊人相似性的描述，参见Bolhuis, but also Cary H. Leung et al., "Neural Distribution of Vasotocin Receptor MRNA in Two Species of Songbird," *Endocrinology*, vol. 152, no. 12 (2011): pp. 4865–81，以及Michael Balter, "Animal Communication Helps Reveal Roots of Language," *Science*, vol. 328, no. 5981 (2010): pp. 969–71。

5　雨之形

98.　题记一摘自Elie Dolgin, "The Myopia Boom, " *Nature*, vol. 519, no. 7543 (2015): pp. 276–78，作者于2015年3月获取相关信息。

99.　题记二摘自E. M. Forster, *A Room with a View* (New York: Knopf, 1922), p. 13。

100.　关于南丁格尔著名的护理教材，详见Florence Nightingale, Notes on Nursing: What It Is, and What It Is Not (New York: D. Appleton & Co., 1860)，作者于2015年4月在 http://digital.library.upenn.edu/women/nightingale/nursing/nursing.html获取相关信息。

101.　关于世界上第一批研究"看得见风景的房间"的学者，参见"View Through a Window May Influence Recovery," Science, vol. 224, no. 4647 (1984): pp. 224–25。

102.　更多关于1981年密歇根州牢房的研究，详见E. O. Moore, "A Prison Environment's Effect on Health Care Service Demands," *Journal of Environmental Systems*, vol. 11 (1981): pp. 17–34。

103.　更多关于"罗伯特·泰勒之家"的系列研究，详见Frances E. Kuo,

"Coping with Poverty: Impacts of Environment and Attention in the Inner City," *Environment & Behavior*, vol. 33, no.1 (2001): pp. 5–34，以及 Frances E. Kuo and William C. Sullivan, "Aggression and Violence in the Inner City: Effects of Environment via Mental Fatigue," *Environment & Behavior*, Special Issue, vol. 33 no. 4 (2001): pp. 543–71。

104.　更多关于两年里对98栋建筑进行的研究，详见 Frances E. Kuo and William C. Sullivan, "Environment and Crime in the Inner City: Does Vegetation Reduce Crime?" *Environment & Behavior*, vol. 33, no. 3 (2001): pp. 343–67。

105.　关于绿化率与居民的社区参与，详见 Frances E. Kuo et al., "Fertile Ground for Community: Inner-City Neighborhood Common Spaces," *American Journal of Community Psychology*, vol. 26, no. 6 (1998): pp. 823–51。

106.　在这些研究中：关于荷兰的研究参见 Jolanda Maas et al., "Social Contacts as a Possible Mechanism Behind the Relation Between Green Space and Health," *Health and Place*, vol. 15, no. 2 (2009): pp. 586–95；关于办公室植物的研究参见 Netta Weinstein, Andrew K. Przybylski, and Richard M. Ryan, "Can Nature Make Us More Caring? Effects of Immersion in Nature on Intrinsic Aspirations and Generosity," *Personality and Social Psychology Bulletin*, vol. 35, no. 10 (2009): pp. 1315–29。

107.　关于社会心理学家对"路怒症"的研究偏好，参见 Jean Marie Cackowski, and Jack L. Nasar, "The Restorative Effects of Roadside Vegetation Implications for Automobile Driver Anger and Frustration," *Environment and Behavior*, vol. 35, no. 6 (2003): pp. 736–51。

108.　多年前泰勒发表的这篇论文参见 Richard Taylor, "The Curse of Jackson Pollock: The Truth Behind the World's Greatest Art Scandal," *Oregon Quarterly*, vol. 90, no. 2 (2010), http://materialscience.uoregon.edu/taylor/CurseOfJacksonPollock.pdf，作者于2015年3月获取相关信息。

109.　阿瑟·C.克拉克对曼德布洛特集合的描述，来自其出品的由尼格尔·高尔顿（Nigel Lesmoir-Gordon）执导的纪录片《无限的颜色》（*The Colours of Infinity*），可在 YouTube 上观看 https://www.youtube.com/

watch?v=Lk6QU94xAb8，作者于 2015 年 6 月获取相关信息。

110. 更多关于泰勒与卡罗琳·海格豪的研究，参见 Caroline M. Hagerhäll et al., "Fractal Dimension of Landscape Silhouette Outlines as a Predictor of Landscape Preference," *Journal of Environmental Psychology*, vol. 24, no. 2 (2004): pp. 247–55。

111. 更多关于脑电图测量研究的讨论，参见 Richard Taylor et al., "Perceptual and Physiological Responses to Jackson Pollock's Fractals," *Frontiers in Human Neuroscience*, vol. 5 (2011): pp. 60–70。

112. 更多关于艺术与自然的分形法则的研究，详见 Branka Spehar and Richard P. Taylor, "Fractals in Art and Nature: Why Do We Like Them?" *Human Vision and Electronic Imaging XVIII*, March 14, 2013, published online。

113. "波洛克最喜欢的维度近似于树木、雪花和矿脉"：参见 Taylor, p. 60.

114. 更多关于大脑在面对新的视觉信息时的判断，详见 B. E. Rogowitz and R. F Voss, "Shape Perception and Low Dimension Fractal Boundary Contours"，摘自 B. E. Rogowitz and J. Allenbach, eds., *Proceedings of the Conference on Human Vision: Methods, Models and Applications, SPIE/SPSE Symposium on Electron Imaging, 1990*, vol. 1249, pp. 387–94)，引自 Hagerhäll (2004)。

115. 关于分形图匹配产生减压的引用，来自 Richard Taylor, "Human Physiological Responses to Fractals in Nature and Art: a Physiological Response," author page at http://materialscience.uoregon.edu/taylor/rptlinks2.html，作者于 2015 年 3 月获取相关信息。

116. 贝多芬在 1808 年完成 F 大调第六交响曲《田园》(*Pastoral*) 之后，给他的爱徒特蕾莎·玛尔法蒂 (Therese Malfatti) 的信中写下这段关于共鸣的话，摘自 http://worldhistoryproject.org/1808/beethoven-finishes-his-sixth-symphony，作者于 2015 年 3 月获取相关信息。

117. "我们在生理和心理上都要承担后果。"参见 Peter H. Kahn, Rachel L. Severson, and Jolina H. Ruckert. "The Human Relation with Nature and Technological Nature," *Current Directions in Psychological Science*, vol. 18, no. 1 (2009): p. 41。

118.　"红色能使我们保持警惕和充满活力，我们在红色走廊中会比在蓝色走廊中走得更快。"参见 Peter Aspinall, personal communication, June 2014。

119.　尼古拉斯·汉弗莱的引言摘录自 Natalie Angier, "How Do We See Red? Count the Ways," *New York Times*, Feb. 6, 2007，http://www.nytimes.com/2007/02/06/science/06angi.html，作者于2015年4月获取相关信息。

120.　更多关于颜色心理学的研究，详见亚当·阿尔特（Adam Alter）恰如其名的著作 *Drunk Tank Pink* (New York: Penguin Group, 2013)。

121.　这一句是伯格引自黛安·阿克曼的 *A Natural History of the Senses* (New York: Random House, 1990), p. 177。

122.　更多关于视觉特性对恢复效果的提升，详见 D. Valtchanov and C. Ellard, "Cognitive and Affective Responses to Natural Scenes: Effects of Low Level Visual Properties on Preference, Cognitive Load and Eye-Movements," *Journal of Environmental Psychology*, vol. 43 (2015): pp. 184–95。

123.　其他利用功能磁共振成像显现腹侧纹状体和海马旁回的研究，包括 Xiaomin Yue et al., "The Neural Basis of Scene Preferences," *Neuroreport*, vol. 18, no. 6 (2007): pp. 525–29。

124.　"渴望日落的'视觉鸦片'"引自 Ackerman, p. 255。

125.　更多关于瓦尔恰诺夫的视觉空间理论（visuospatial theory），详见 Deltcho Valtchanov, "Exploring the Restorative Effects of Nature: Testing a Proposed Visuospatial Theory," diss., University of Waterloo, 2013。

6　蹲下，感受植物吧

126.　题记引自 *Moominvalley in November* (New York: Macmillan, 2014), p. 26, first published in English in 1945。

127.　关于芬兰的公休假，参见 Rebecca Ray, Milla Sanes, and John Schmitt, "No-Vacation Nation Revisited" (Center for Economic and Policy Research, 2013), p. 5，详见 http://www.cepr.net/documents/publications/novacation-update-2013-05.pdf，作者于2015年6月获取相关信息。另外年假可参见芬

兰就业与经济部2010年2月11日的公文https://www.tem.fi/en/work/labour_legislation/annual_holiday，作者于2015年6月获取相关信息。

128.　关于一年带薪育儿假，详见 http://europa.eu/epic/countries/finland/index_en.htm，作者于2015年6月获取相关信息。

7　享乐花园

129.　题记引自Helen Macdonald, *H is for Hawk*. (New York: Random House, 2014)。

130.　诗歌《哈莱格》使用盖尔语朗读的音频，参见http://www.edinburghliterarypubtour.co.uk/makars/maclean/hallaig.html，作者于2015年4月获取相关信息。

131.　关于这几个词语的释义，详见Robert McFarlane's *Landmarks* (London: Penguin UK, 2015)。

132.　更多关于格拉斯哥人均寿命的数据，参见世界卫生组织的信息，http://www.who.int/bulletin/volumes/89/10/11-021011/en/，作者于2015年4月获取相关信息。

133.　关于两地人均寿命悬殊的原因，详见 *Richard J. Finlay, Modern Scotland 1914–2000* (London: Profile Books, 2004)。

134.　更多关于卡路里的数据，参见Jo Barton and Jules Pretty, "What Is the Best Dose of Nature and Green Exercise for Improving Mental Health? A Multi-Study Analysis," *Environmental Science & Technology*, vol. 44, no. 10 (2010): p. 3947。

135.　关于"步行是苏格兰最受欢迎的运动"，参见 "Let's Get Scotland Walking: The National Walking Strategy," government report (2014)，http://www.gov.scot/Resource/0045/00452622.pdf。

136.　关于绿地对于贫困人口的保护作用，参见Richard Mitchell and Frank Popham, "Effect of Exposure to Natural Environment on Health Inequalities: An Observational Population Study," *Lancet*, vol. 372 (2008): pp. 1655–60。

137.　米切尔关于"最容易获得该服务的人群少了40%心理健康不平等的状况"的描述，参见她在博客上发布的评论http://cresh.org.uk/2015/04/21/

more-reasons-to-think-green-space-may-be-equigenic-a-new-study-of-34-european-nations/，作者于 2015 年 4 月获取相关信息。该研究参见 Richard J. Mitchell et al., "Neighborhood Environments and Socioeconomic Inequalities in Mental Well-Being," *American Journal of Preventive Medicine*, vol. 49, issue 1 (2015): pp. 80–84。

138.　苏格兰的林地覆盖率，参见 Martin Williams, "Hopes for Forestry Scheme to Branch Out," *The Herald* (Edinburgh), June 4, 2013. http://www.heraldscotland.com/news/home-news/hopes-for-forestry-scheme-tobranch-out.21253639，作者于 2014 年 5 月获取相关信息。

139.　本杰明·拉什的话引自 *Benjamin Rush, Medical Inquiries and Observations upon Diseases of the Mind* (Philadelphia: Kimber & Richardson, 1812), p. 226，参见 https://archive.org/stream/medicalinquiries1812rush#page/n7/mode/2up，作者于 2015 年 5 月获取相关信息。

140.　奥托森的话参见 Johan Ottosson, "The Importance of Nature in Coping," diss., Swedish University of Agricultural Sciences, 2007, p. 167。

141.　爱默生的话参见他的著作《论自然》Boston: James Munroe & Co., 1836, p. 13，原文电子版参见 https://archive.org/details/naturemunroe00emerrich，作者于 2015 年 6 月获取相关信息。

142.　更多有趣的关于幸福、健康和海边的英国研究，详见 M.P. White et al., "Coastal Proximity, Health and Well-being: Results from a Longitudinal Panel Survey," *Health Place*, vol. 23 (2013): pp. 97–103；及 B.W. Wheeler et al., "Does Living by the Coast Improve Health and Wellbeing?" *Health Place*, vol. 18 (2012): pp. 1198–201。

143.　其他优秀的关于行走的研究包括 Melissa Marselle et al., "Examining Group Walks in Nature and Multiple Aspects of Well-Being: A Large-Scale Study," *Ecopsychology*, vol. 6, no. 3 (2014): pp. 134–147，及 Melissa Marselle et al., "Walking for Well-Being: Are Group Walks in Certain Types of Natural Environments Better for Well-Being than Group Walks in Urban Environments?" *International Journal of Environmental Research and Public Health*, vol. 10, no.

11 (2013): pp. 5603–28。

8　林中漫步

144.　题记引自 Henry David Thoreau, "Walking," in *The Writings of Henry David Thoreau*, Riverside ed. (Boston: Houghton Mifflin, 1893), p. 258。

145.　弗雷德里克·格鲁在《行走，一堂哲学课》中写的话，摘录自 Carole Cadwalladr, "Frédéric Gros: Why Going for a Walk Is the Best Way to Free Your Mind," The Guardian, April 19, 2014，http://www.theguardian.com/books/2014/apr/20/frederic-gros-walk-nietzsche-kant，作者于 2015 年 5 月获取相关信息。

146.　梭罗对锻炼和自然治愈之间对立的预测，详见其文章《散步》，Kindle 定位数 54。

147.　本段引自梭罗的文章《散步》，Kindle 定位数 33。

148.　惠特曼的话详见其用笔名莫斯·维尔斯（Mose Velsor）写的作品《男性健康与训练指南》(*Manly Health and Training, with Off-Hand Hints Toward Their Conditions*)，参见 ed. Zachary Turpin, *Walt Whitman Quarterly Review* 33 (2016), p. 189.

149.　哈特曼漂泊寄养的经历记录于 Jon Nordheimer, "15 Who Fled Nazis as Boys Hold a Reunion," *New York Times*, July 28, 1983。

150.　华兹华斯的感受参见《隐者》的第一部分。

151.　"残暴的麻木不仁"引自《抒情歌谣集》(*Lyrical Ballads*) 的前言部分，摘自 James A. W. Heffernan, "Wordsworth's London: The Imperial Monster," *Studies in Romanticism*, vol. 37, no. 3 (1998): pp. 421–43。

152.　更多关于贝格尔的追求与贡献，详见 David Millett, "Hans Berger: From Psychic Energy to the EEG," *Perspectives in Biology and Medicine*, vol. 44, no. 4 (2001): pp. 522–42。

153.　爱丁堡的脑电图研究，详见 Peter Aspinall et al., "The Urban Brain: Analysing Outdoor Physical Activity with Mobile EEG," *British Journal of Sports Medicine* (2013), published online, bjsports-2012-091877。

154. 更多克雷默关于运动的研究，详见 Charles H. Hillman et al., "Be Smart, Exercise Your Heart: Exercise Effects on Brain and Cognition," *Nature Reviews Neuroscience*, vol. 9, no. 1 (2008): pp. 58–65，及 Kirk I. Erickson et al., "Exercise Training Increases Size of Hippocampus and Improves Memory," *Proceedings of the National Academy of Sciences*, vol. 108, no. 7 (2011): pp. 3017–22。

155. 更多关于斯坦福大学的行走研究，详见 Marily Oppezzo and Daniel L Schwartz, "Give Your Ideas Some Legs: The Positive Effect of Walking on Creative Thinking," *Journal of Experimental Psychology: Learning, Memory and Cognition*, vol. 40, no. 4 (2014)。

156. 更多关于布拉特曼的射电望远镜研究，详见 Greg Bratman et al., "The Benefits of Nature Experience: Improved Affect and Cognition," *Landscape and Urban Planning*, vol. 138 (2015), pp. 41–50。

157. 该研究参见 Gregory N. Bratman et al., "Nature Experience Reduces Rumination and Subgenual Prefrontal Cortex Activation," *Proceedings of the National Academy of Sciences*, vol. 112, no. 28 (2015): p. 8567。

9 别自以为是：荒野、创造力和敬畏的力量

本章的部分内容首次出现于本书作者弗洛伦丝·威廉姆斯刊登在《国家地理》2016年1月刊上的文章《这是你思考自然的大脑》。卡尔文和霍布斯的引言来自比尔·沃特森的漫画作品《卡尔文与霍布斯全集》(The Complete Calvin and Hobbes, Vol. 3 [Riverside, NJ: Andrews McMeel, 2005], p. 370.)。巴什拉的引言详见迈克尔·波伦的《烹》(Cooked: A Natural History of Transformation [New York: Penguin Press, 2013], p.109.)。艾伦·梅洛伊的引言来自她的得意之作《最后背叛者的华尔兹》(The Last Cheater's Waltz [New York: Henry Holt, 1999], pp. 7, 107.)。爱德华·艾比的章节名来自散文集《大漠孤行》。

158. 题记参见 Bill Watterson, *The Complete Calvin and Hobbes*, Vol. 3 (Riverside, NJ: Andrews McMeel, 2005), p. 370。

159. "因自然界中的伟大和壮美而燃起的激情":参见 Edmund Burke, *A Philosophical Enquiry into the Origin of Our Ideas of the Sublime and Beautiful* (London: University of Notre Dame Press, 1968), p. 57。

160. 更多关于"敬畏"(awe)的词源,详见 Dacher Keltner, *Born to Be Good* (New York: W. W. Norton, 2009), p. 257。

161. 更多关于伯克对康德和狄德罗的影响,详见 James T. Boulton in Burke, 1968 ed., p. cxxv ff。

162. 关于"创伤后应激障碍的逆反应"的引用,参见 Michael Pollan, "The Trip Treatment," *New Yorker*, Feb. 19, 2015, http://www.newyorker.com/magazine/2015/02/09/trip-treatment,作者于2015年10月2日获取相关信息。

163. 关于皮弗和达谢·凯尔特纳的研究,详见 Paul K. Piff et al., "Awe, the Small Self, and Prosocial Behavior," *Journal of Personality and Social Psychology*, vol. 108, no. 6 (2015): p. 883。

164. 此项关于细胞因子的研究,详见 Jennifer E. Stellar et al., "Positive Affect and Markers of Inflammation: Discrete Positive Emotions Predict Lower Levels of Inflammatory Cytokines," *Emotion*, vol. 15, no. 2 (2015)。

165. 更多关于达尔文对怜悯和敬畏情绪的观点,作者推荐凯尔特纳的《性本善》(*Born to Be Good*),原著作者此处为"How to Be Good",应为笔误。相关更具学术性的总结参见 Michelle N. Shiota, Dacher Keltner, and Amanda Mossman, "The Nature of Awe: Elicitors, Appraisals, and Effects on Self-Concept," *Cognition and Emotion*, vol. 21, no. 5 (2007): pp. 944–63。

166. "将近一半的美国人认为他们每天的时间不够用":参见 J. Carroll, "Time Pressures, Stress Common for Americans," a Gallup-Time Poll from 2008, 引自 Rudd, 2012。

10　脑的洗礼

167. 题记一引自 A. A. Milne, *The House at Pooh Corner*, deluxe ed. (New York: Dutton, 2009), p. 101.)。

168.　题记二引自约翰·缪尔对《爱默生散文集》卷一做的批注（该卷现由耶鲁大学藏书馆收藏），收录于 Harold Wood 编著的《约翰·缪尔名言》（*Quotations from John Muir*），http://vault.sierraclub.org/john_muir_exhibit/writings/favorite_quotations.aspx，作者于2016年4月12日获取相关信息。

169.　刘易斯和克拉克的话参见 lewis-clark.org/content/content-article.asp?ArticleID=1790，作者于2014年9月获取相关信息。

170.　更多关于整形手术在第一次世界大战中起到的作用，参见 Sheryl Ubelacker, "Unprecedented Injuries from First World War Spawned Medical Advances Still Used Today," *Canadian Press* (via Postmedia's World War 1 Centenary site), Sept. 23, 2014, http://ww1.canada.com/battlefront/unprecedented-injuries-from-first-world-war-spawned-medical-advancesstill-used-today，作者于2015年6月获取相关信息。关于芥子气影响的概述，参见 "Facts About Sulfur Mustard," Centers for Disease Control, May 2, 2013, http://www.bt.cdc.gov/agent/sulfurmustard/basics/facts.asp，作者于2015年6月获取相关信息。

171.　奥姆斯特德的引言摘自黎辛斯基，Kindle 定位数3244。

172.　关于 PTSD 正式得到命名和认可，参见 Matthew J. Friedman, "PTSD History and Overview," U.S. Department of Veterans Affairs, March 2, 2014, http://www.ptsd.va.gov/PTSD/professional/PTSD-overview/ptsd-overview.asp。

173.　关于退伍军人的数据，参见 "Witness Testimony of Karen H. Seal, M.D., MPH," House Committee on Veterans' Affairs, June 14, 2011, http://Veterans.house.gov/prepared-statement/prepared-statement-karen-h-seal-md-mphdepartment-medicine-and-psychiatry-san，收录于 David Scheinfleld, "From Battlegrounds to the Backcountry: The Intersection of Masculinity and Outward Bound Programming on Psychosocial Functioning for Male Military Veterans," diss., University of Texas at Austin, 2014, p. 27。

174.　"她们无家可归的可能性是其他职业女性的2到4倍"：参见 Gail Gamache, Robert Rosenheck, and Richard Tessler, "Overrepresentation of Women Veterans Among Homeless Women," *American Journal of Public Health*, vol. 93, no. 7 (2003): pp. 1132–36。

175. 在动物实验中，关于糖皮质激素在记忆里起到的作用，详见J-F. Dominique et al., "Stress and Glucocorticoids Impair Retrieval of Long-Term Spatial Memory," *Nature*, vol. 394 (1998): pp. 787–90；关于海马，详见Nicole Y.L. Oei et al., "Glucocorticoids Decrease Hippocampal and Prefrontal Activation During Declarative Memory Retrieval in Young Men," *Brain Imaging and Behaviour*, vol. 1 (2007): pp. 31–41；关于肾上腺素，详见J. Douglas Bremner, "Traumatic Stress: Effects on the Brain," *Dialogues in Clinical Neuroscience*, vol. 8, no. 4 (2006): p. 445。

176. 关于退伍军人离婚可能性高一倍，详见Jessie L. Bennett et al., "Addressing Posttraumatic Stress Among Iraq and Afghanistan Veterans and Significant Others: An Intervention Utilizing Sport and Recreation," *Therapeutic Recreation Journal*, vol. 48, no. 1 (2014): p. 74。

177. 关于女性退伍军人的自杀率，详见Matthew Jakupcak et al., "Hopelessness and Suicidal Ideation in Iraq and Afghanistan War Veterans Reporting Subthreshold and Threshold Posttraumatic Stress Disorder," *Journal of Nervous and Mental Disease*, vol. 199, no. 4 (2011): pp. 272–75。

11 请把钢锯递给我

本章的部分内容首次出现于本书作者弗洛伦丝·威廉姆斯刊登在《户外》2016年1—2月刊的文章《ADHD：为冒险加油》（*ADHD: Fuel for Adventure*），网页电子版发布于2016年1月20日。详见http://www.outsideonline.com/2048391/adhd-fuel-adventure?utm_source=twitter&utm_medium=social&utm_campaign=tweet，作者于2016年2月22日获取相关信息。

178. 题记引自 "Manhood for Amateurs: The Wilderness of Childhood," *New York Review of Books*, July 19, 2009, www.nybooks.com/articles/archives/2009/jul/16/manhood-for-amateurs-the-wildernessof-childhood/，作者于2015年7月17日获取相关信息。

179.　"最近一款治疗多动症药物的广告"的相关内容在理查德·洛夫的博客中，题为"自然是我的利他林——纽约时报隐瞒的 ADHD：一股崭新的自然运动"（NATURE WAS MY RITALIN: What the New York Times Isn't Telling You About ADHD: The New Nature Movement）http://blog.childrenandnature.org/2013/12/16/nature-was-my-ritalin-what-the-new-york-times-isnt-tellingyou-about-adhd/，作者于 2015 年 7 月 20 日获取相关信息。

180.　更多关于奥姆斯特德厌学的内容，详见 Witold Rybczynski,*A Clearing in the Distance: Frederick Law Olmsted and the Nineteenth Century*(New York: Scribner,1999)，Kindle 定位数 417。引用来自 Kindle 版本，定位数 296。

181.　更多关于郭的多动症研究的内容，详见 A. Faber Taylor et al., "Coping with ADD: The Surprising Connection to Green Play Settings," *Environment and Behaviour*, vol. 33 (Jan. 2001): pp. 54–77。

182.　更多关于孩子在公园玩耍的研究，详见 Andrea Faber Taylor and Frances E. Ming Kuo, "Could Exposure to Everyday Green Spaces Help Treat ADHD? Evidence from Children's Play Settings," *Applied Psychology: Health and Well-Being*, vol. 3, no. 3 (2011): pp. 281–303。

183.　更多关于巴塞罗那的研究，详见 Green and Blue Spaces and Behavioral Development in Barcelona Schoolchildren: The Breathe Project," *Environmental Health Perspectives* (Dec. 2014), pp. 1351–58。

184.　更多关于 2004 年郭和泰勒的研究，详见 Frances E. Kuo and Andrea Faber Taylor, "A Potential Natural Treatment for Attention-Deficit/Hyperactivity Disorder: Evidence from a National Study," *American Journal of Public Health*, vol. 94, no. 9 (2004)。

185.　更多关于玩耍与多动症的研究，详见 Jaak Panksepp, "Can PLAY Diminish ADHD and Facilitate the Construction of the Social Brain?" *Journal of the Canadian Academy of Child and Adolescent Psychiatry—Journal de l'Académie canadienne de psychiatrie de l'enfant et de l'adolescent*, vol. 16, no. 2 (2007): p. 62。

186.　"如果不让孩子撞南墙，他们是不会回头的。"艾琳·肯尼的这句话摘自 David Sobel, "You Can't Bounce off the Walls if There Are No Walls:

Outdoor Schools Make Kids Happier—and Smarter," *YES! Magazine*, March 28, 2014, http://www.yesmagazine.org/issues/education-uprising/the-original-kindergarten?utm_source=FB&utm_medium=Social&utm_campaign=20140328，作者于 2015 年 7 月 17 日获取相关信息。

187.　"出自造物主的东西都是好的，而一旦到了人的手里，就全变坏了。"卢梭的这句话来自《爱弥儿》(*Émile*)，摘自 Norman Brosterman, *Inventing Kindergarten* (New York: Harry N. Abrams, 1997), p. 19。

188.　更多关于福禄贝尔深远而鲜为人知的影响，参见博斯特曼关于福禄贝尔幼儿园对现代艺术影响的精彩叙述。布拉克 (Braque)、康丁斯基 (Kandinsky)、勒·柯布西耶 (Le Corbusier) 以及弗兰克·劳埃德·赖特 (Frank Lloyd Wright) 均多年使用福禄贝尔的工具制作和绘制立方体以及抽象的几何图案，赖特和勒·柯布西耶更坦诚地将他们的设计灵感归功于福禄贝尔。博斯特曼指出，这些影响并没有得到历史学家的重视，因为它们源自孩子以及女老师的领域。

189.　更多关于芬兰人与多动症的相关信息，详见 S. L. Smalley et al., "Prevalence and Psychiatric Comorbidity of Attention-Deficit/Hyperactivity Disorder in an Adolescent Finnish Population," *Journal of the American Academy of Child and Adolescent Psychiatry*, vol. 46, no. 12 (Dec. 2007): pp. 1575–83，摘引自 Daniel Goleman, "Exercising the Mind to Treat Attention Deficits," *New York Times*, May 12, 2014。

190.　更多关于元分析的相关信息，详见 B. A. Sibley et al., "The Relationship Between Physical Activity and Cognition in Children: A Meta-analysis," *Pediatric Exercise Science*, vol. 15, no. 3 (2003): pp. 243–56.

191.　更多关于宾夕法尼亚州立大学的社交技能研究，详见 Damon E. Jones et al., "Early Social-Emotional Functioning and Public Health: The Relationship Between Kindergarten Social Competence and Future Wellness," *American Journal of Public Health*, vol. 105, no. 11 (2015): pp. 2283–90。

192.　更多关于 2015 年发布在《小儿科期刊》上有关学龄儿童锻炼时间的研究，详见 Pooja S. Tandon et al., "Active Play Opportunities at Child Care,"

Pediatrics, May 18, 2015, published online。

193. "三年级学生中，有30%的学生每天课间休息时间不过15分钟"：参见 Romina M. Barros, et al., "School Recess and Group Classroom Behavior," *Pediatrics*, vol. 123, no. 2 (2009): pp. 431–36。

194. 关于"装起来的儿童"的研究，详见 http://www.usatoday.com/news/health/2004-11-05-active_x.htm，作者于2016年2月2日获取相关信息。

195. 关于"在2004年，70%的美国母亲……"的研究，详见R. Clements, "An Investigation of the Status of Outdoor Play," *Contemporary Issues in Early Childhood*, vol. 5 (2004): pp. 68–80，也参见S. Gaster, "Urban Children's Access to Their Neighbourhoods: Changes Over Three Generations" (1991)，摘引自 R. Louv, *Last Child in the Woods* (Chapel Hill, NC: Algonquin Books, 2005), p. 123. On children and exercise，也参见M. Hillman, J. Adams, and Whitelegg, "One False Move: A Study of Children's Independent Mobility," London: Policy Studies Institute, 1990，以及http://www.dailymail.co.uk/news/article-462091/How-children-lost-rightroam-generations.html。更多关于对学龄儿童多动症的诊断，参见http://www.nytimes.com/2014/05/17/us/among-experts-scrutiny-of-attention-disorderdiagnoses-in-2-and-3-year-olds.html?_r=0，作者于2015年7月18日获取相关信息。

196. "跟20世纪50年代的青少年相比，如今的青少年在焦虑和抑郁方面的临床得分要高出5到8倍"：参见J. M Twenge et al., "Birth Cohort Increases in Psychopathology Among Young Americans, 1938-2007: A Cross-Temporal Meta-Analysis of the MMPI," *Clinical Psychology Review*, vol. 30 (2010): pp. 145–54，摘引自M. Brussoni et al., "Risky Play and Children's Safety: Balancing Priorities for Optimal Child Development," *International Journal of Environmental Research and Public Health*, vol. 9 (2012): pp. 3136–48。

12　为我们定制的自然

197. 题记为黎辛斯基引用的奥姆斯特德碑文，Kindle定位数2776。

198.　关于"都市智人"的更多资料，可参考Jason Vargo, "Metro Sapiens, an Urban Species," *Journal of Environmental Studies and Sciences*, vol. 4, no. 3 (2014)。

199.　"到2030年，仅印度的城市人口就将达到5.9亿"可参考R. Dhamodaran在威尔森中心（Wilson Center）的学术报告《大移民——2030年的印度和未来：为实现印度更好城市交通的科技应用》（The Great Migration—India by2030 and Beyond: Harnessing Technology for Better Urban Transportation in India）。详见 http://www.wilsoncenter.org/。

200.　关于格莱泽"人间地狱"的形容，详见http://www.cityjournal.org/2014/24_3_urbanization.html，作者于2015年7月31日获取相关信息。

201.　莱豪森关于猫及老鼠的研究结果，详见E. O. Wilson, *Sociobiology* (Cambridge, Mass: Harvard University Press, 2000), p. 255。

202.　更多关于城市居民精神紊乱疾病的患病风险更高的研究，参见Florian Lederbogen et al., "City Living and Urban Upbringing Affect Neural Social Stress Processing in Humans," *Nature*, vol. 474, no. 7352 (2011): pp. 498–501。

203.　"与此同时，葡萄牙的一项研究发现……"参见S. Marques and M. L. Lima, "Living in Grey Areas: Industrial Activity and Psychological Health," *Journal of Environmental Psychology*, vol. 31 (2011): 314–22，详见 "The Natural Environments Initiative: Illustrative Review and Workshop Statement," Report, Harvard School of Public Health, Center for Health and the Global Environment,2014, p. 11。

204.　"我们需要更多心理韧性"：参见世界卫生组织的情况说明书http://www.who.int/mediacentre/factsheets/fs369/en/，作者于2015年8月3日获取相关信息。

205.　关于"新加坡是地球上人口密度第三大的国家"的数据，参见世界银行统计http://www.infoplease.com/ipa/A0934666.html，作者于2015年8月1日获取相关信息。

206.　更多关于新加坡的资料参见Lee Kuan Yew, *From Third World to First: The Singapore Story: 1965-2000* (Singapore: Times Editions: Singapore Press

Holdings, 2000), p. 199。

207.　更多关于波特兰医院细菌感染研究的内容详见 S. W. Kembel et al., "Architectural Design Influences the Diversity and Structure of the Built Environment Microbiome," *ISME Journal*, vol. 6, no. 8 (Jan. 26, 2012): pp. 648–50。

208.　更多关于多诺万白蜡树研究的内容详见 Geoffrey H. Donovan et al., "The Relationship Between Trees and Human Health: Evidence from the Spread of the Emerald Ash Borer," *American Journal of Preventive Medicine*, vol. 44, no. 2 (2013): pp.139–45。

209.　更多关于多伦多的研究详见 Omid Kardan et al., "Neighborhood Greenspace and Health in a Large Urban Center," *Scientific Reports*, vol. 5 (2015): pp. 1–14。

后　记

210.　题记引自沃尔特·惠特曼用笔名莫斯·维尔斯创作的《男性健康与训练指南》，参见 ed. Zachary Turpin, Walt Whitman Quarterly Review 33 (2016): p. 212。

211.　更多奥姆斯特德19世纪70年代的事迹，详见 Charles E. Beveridge and Paul Rocheleau, *Frederick Law Olmsted: Designing the American Landscape* (New York: Rizzoli, 1998), p.45，摘录于 Carol J. Nicholson, "Elegance and Grass Roots: The Neglected Philosophy of Frederick Law Olmsted," *Transactions of the Charles S. Peirce Society*, vol. XL, no. 2 (Spring 2004)，参见 http://www.dathil.com/cadwalader/olmsted_philosophy100.html，作者于2015年8月3日获取相关信息。

图书在版编目（CIP）数据

自然修复：为什么自然使人更快乐、更健康、更有趣 /（美）弗洛伦丝·威廉姆斯著；李治译. — 北京：民主与建设出版社，2024.7

书名原文：The Nature Fix

ISBN 978-7-5139-4628-5

Ⅰ.①自… Ⅱ.①弗…②李… Ⅲ.①自然环境-关系-人类活动 Ⅳ.①X21②B03

中国国家版本馆CIP数据核字（2024）第103871号

本书中文简体版权归属于银杏树下（上海）图书有限责任公司

版权登记号：01-2024-3146

自然修复：为什么自然使人更快乐、更健康、更有趣

ZIRAN XIUFU WEISHENME ZIRAN SHI REN GENG KUAILE GENG JIANKANG GENG YOUQU

著　　者	［美］弗洛伦丝·威廉姆斯
译　　者	李　治
筹划出版	银杏树下
出版统筹	吴兴元
责任编辑	郝　平
特约编辑	俞凌波
装帧制造	墨白空间·李国圣
出版发行	民主与建设出版社有限责任公司
电　　话	（010）59417749　59419778
社　　址	北京市朝阳区宏泰东街远洋万和南区伍号公馆 4 层
邮　　编	100102
印　　刷	小森印刷（天津）有限公司
版　　次	2024 年 7 月第 1 版
印　　次	2024 年 12 月第 1 次印刷
开　　本	889 毫米 ×1194 毫米　1/32
印　　张	10.75
字　　数	243 千字
书　　号	ISBN 978-7-5139-4628-5
定　　价	49.80 元

注：如有印、装质量问题，请与出版社联系。